Zu den Autoren

Prof. Dr.-Ing. **Alexander Kern**, Jahrgang 1962, ist seit 1996 Professor für Hochspannungstechnik und Grundlagen der Elektrotechnik an der Fachhochschule Aachen, Campus Jülich. Prof. Kern ist im Rahmen von technisch-wissenschaftlichen Vereinen und Institutionen an der internationalen und nationalen Normungsarbeit und an der Weiterentwicklung und Weitergabe des Wissensstands zum Blitz- und Überspannungsschutz engagiert. Er ist Mitglied im Ausschuss für Blitzschutz und Blitzforschung (ABB) des VDE sowie seines Technischen Ausschusses (TA). Bei IEC TC 81 und CENELEC TC 81X „Lightning Protection" fungiert er jeweils als deutscher Sprecher und ist dort Mitglied in mehreren Working Groups bzw. Maintenance Teams. Im Rahmen der nationalen Normungsaktivitäten ist er stellvertretender Obmann des DKE-Komitees K 251 „Blitzschutzanlagen und Blitzschutzbauteile". Eine Vielzahl von Fachpublikationen im In- und Ausland unterstreichen sein fachliches Wirken.

Dipl.-Ing. **Jürgen Wettingfeld**, Jahrgang 1954, ist seit 1979 in der Firma Wettingfeld (Blitzschutz und Elektrotechnik), ansässig in Krefeld, tätig – seit 1991 als Geschäftsführer. Im selben Jahr wurde er als Sachverständiger für das Elektrotechnikerhandwerk durch die Handwerkskammer Düsseldorf öffentlich bestellt und vereidigt. Im Jahr 2006 wurde das Planungsbüro Vektor Plan GmbH gegründet, das national und international im Bereich Blitzschutz, Erdung, Potentialausgleich und Überspannungsschutz tätig ist. Berufliche Arbeitsschwerpunkte sind Anlagen der chemischen und fertigungstechnischen Industrie, Kraftwerksanlagen, Bahnerdungen, Mobilfunkeinrichtungen und Rechenzentren. In nationalen und internationalen Normungsgremien arbeitet Jürgen Wettingfeld seit 1991. Im Jahr 1993 wurde er Mitglied im DKE-Komitee K 251 und leitet dort seit 2002 den Arbeitskreis AK 251.07, der sich schwerpunktmäßig mit der DIN EN 62305-3 (**VDE 0185-305-3**) und den entsprechenden nationalen Beiblättern befasst. Darüber hinaus leitet er den Arbeitskreis AK 251.02 (Blitzschutz für explosionsgefährdete Bereiche) und den gemeinsamen Arbeitskreis GAK 251/373 (Blitzschutz für PV-Stromversorgungssysteme). International ist er auf IEC-Ebene im TC 81 MT 8 tätig. Er ist Mitglied im VDE-Ausschuss für Blitzschutz und Blitzforschung (ABB) und wurde dort in den Technischen Ausschuss berufen. In den letzten Jahren wurden von ihm regelmäßig Beiträge zur VDE/ABB-Blitzschutzkonferenz und Aufsätze in Fachzeitschriften veröffentlicht. Weiterhin hält er Vorträge und leitet Seminare im Rahmen der Weiterbildungsmaßnahmen des VDB (Verband Deutscher Blitzschutzfirmen e.V.).

VDE-Schriftenreihe Normen verständlich

160

Blitzschutzsysteme 2

Schutz für besondere bauliche Anlagen

Schutz für elektrische und elektronische Systeme in baulichen Anlagen

Erläuterungen zu den Normen
DIN EN 62305-3 (VDE 0185-305-3):2011-10
(besondere bauliche Anlagen),
DIN EN 62305-4 (VDE 0185-305-4):2011-10

Prof. Dr.-Ing. Alexander Kern
Dipl.-Ing. Jürgen Wettingfeld

VDE VERLAG GMBH

Auszüge aus DIN-Normen mit VDE-Klassifikation sind für die angemeldete limitierte Auflage wiedergegeben mit Genehmigung 342.014 des DIN Deutsches Institut für Normung e. V. und des VDE Verband der Elektrotechnik Elektronik Informationstechnik e. V. Für weitere Wiedergaben oder Auflagen ist eine gesonderte Genehmigung erforderlich.

Die zusätzlichen Erläuterungen geben die Auffassung der Autoren wieder. Maßgebend für das Anwenden der Normen sind deren Fassungen mit dem neuesten Ausgabedatum, die bei der VDE VERLAG GMBH, Bismarckstr. 33, 10625 Berlin und der Beuth Verlag GmbH, Burggrafenstr. 6, 10787 Berlin erhältlich sind.

Bibliografische Information der Deutschen Nationalbibliothek
Die Deutsche Nationalbibliothek verzeichnet diese Publikation in der Deutschen National-bibliografie; detaillierte bibliografische Daten sind im Internet über http://dnb.dnb.de abrufbar.

ISBN 978-3-8007-3653-9
ISSN 0506-6719

© 2015   VDE VERLAG GMBH · Berlin · Offenbach
         Bismarckstr. 33, 10625 Berlin

Druck: druckhaus köthen GmbH & Co. KG, Köthen (Anhalt)
Printed in Germany   2014-11

Vorwort

Blitzschutznormungsaktivitäten finden heutzutage überwiegend bei der International Electrotechnical Commission (IEC) im Technical Committee (TC) 81: Lightning Protection statt. Die europäische Normenorganisation CENELEC begleitet diese internationalen Projekte durch ihr Komitee TC 81X. Im Rahmen von Parallel-Voting-Verfahren werden die IEC-Standards in der Regel auch als europäische Normen übernommen. Dabei werden nötigenfalls noch Common Modifications (gemeinsame Änderungen) eingearbeitet. In Deutschland werden alle diese Aktivitäten bei der DKE Deutsche Kommission Elektrotechnik Elektronik Informationstechnik im DIN und VDE vom Komitee K 251 „Blitzschutzanlagen und Blitzschutzbauteile" als Spiegelgremium begleitet.

Die Blitzschutzstandards IEC 62305, und damit auch die Normenreihe DIN EN 62305 (**VDE 0185-305**), wurden im Jahr 2006 erstmals veröffentlicht. Beginnend mit dem Jahr 2011 wurde dann die zweite Edition dieser Reihe dem Fachpublikum zur Verfügung gestellt. Die Normenreihe besteht aus vier Teilen:

- DIN EN 62305-1 (**VDE 0185-305-1**) Blitzschutz – Teil 1: Allgemeine Grundsätze,
- DIN EN 62305-2 (**VDE 0185-305-2**) Blitzschutz – Teil 2: Risiko-Management,
- DIN EN 62305-3 (**VDE 0185-305-3**) Blitzschutz – Teil 3: Schutz von baulichen Anlagen und Personen,
- DIN EN 62305-4 (**VDE 0185-305-4**) Blitzschutz – Teil 4: Elektrische und elektronische Systeme in baulichen Anlagen.

Die Normenreihe stellt ein Gesamtkonzept zum Blitzschutz dar und berücksichtigt umfassend:

- die Gefährdung (direkte und indirekte Blitzeinschläge, Strom und Magnetfeld des Blitzes),
- die Schadensursachen (Schritt- und Berührungsspannungen, gefährliche Funkenbildung, Feuer, Explosion, mechanische und chemische Wirkungen, Überspannungen),
- die zu schützenden Objekte (Gebäude, Personen, elektrische und elektronische Anlagen) und
- die Schutzmaßnahmen (Fangeinrichtungen, Ableitungen, Erdungsanlagen, Potentialausgleichsmaßnahmen, Überspannungsschutzgeräte, räumliche Schirmung, Leitungsführung und -schirmung).

In der VDE-Schriftenreihe stehen mehrere Bände zur Verfügung, die sich mit der Thematik Blitz- und Überspannungsschutz beschäftigen. Ein Band hat dabei herausragende Bedeutung:

Band 44: Blitzschutzanlagen – Erläuterungen zu DIN 57185/VDE 0185 von *Hermann Neuhaus*.

Diese Publikation aus dem Jahr 1983 hat seinerzeit die beiden Blitzschutznormen DIN 57185/VDE 0185 Teil 1 und 2 im Detail erläutert und dem Interessierten weitere einschlägige Informationen zur Thematik an die Hand gegeben. Über viele Jahre hinweg war dieser Band eine solide Basis für Planer, Errichter und Prüfer von Blitzschutzanlagen. Natürlich hat aber die technische Entwicklung auch vor dem Blitzschutz nicht haltgemacht; dieses zeigen ja gerade die intensiven Normungsaktivitäten. Darüber hinaus hat der Überspannungsschutz, also der Schutz elektrischer und elektronischer Anlagen vor durch Blitzeinwirkungen verursachten Überspannungen, enorm an Bedeutung gewonnen.

Mithin war es an der Zeit, eine Neuauflage des Bands 44 der VDE-Schriftenreihe zu realisieren, dieser ist zwischenzeitlich erschienen. Es ist Ziel der Autoren, der Fachwelt eine Aktualisierung eines solchen Standardwerks zur Verfügung zu stellen.

Der vorliegende **Band 160** der VDE-Schriftenreihe soll daher mit den Grundlagen modernen Blitzschutzes einschließlich Überspannungsschutz vertraut machen. Er richtet sich an Ingenieure, Techniker und Meister, die sich mit Planung, Konstruktion, Ausführung und Prüfung von Blitzschutzsystemen und Überspannungsschutzmaßnahmen befassen. Dazu gehören auch Fachkräfte in Behörden und Verwaltungen, die über die Notwendigkeit und die Anforderungen eines Blitzschutzes zu entscheiden haben. Daneben kann das Buch auch nützliche Informationen für den interessierten Laien bereitstellen.

Der Umfang des Stoffs macht es erforderlich, zwei VDE-Schriftenreihen dem Thema zu widmen:

- VDE-Schriftenreihe 44: Allgemeine Grundsätze, Risikomanagement, Schutz von baulichen Anlagen und Personen,

- **VDE-Schriftenreihe 160**: Weitere Informationen zum Schutz von baulichen Anlagen und Personen, Schutz von elektrischen und elektronischen Systemen in baulichen Anlagen.

Im vorliegenden **Band 160** der VDE-Schriftenreihe werden, aufbauend auf dem bereits erschienenen neuen Band 44, weitere Informationen zum Schutz von baulichen Anlagen, insbesondere aus den Beiblättern 2 und 3 zu DIN EN 62305-3 (**VDE 0185-305-3**) und zum weitergehenden Schutz von elektrischen und elektronischen Systemen gemäß DIN EN 62305-4 (**VDE 0185-305-4**), behandelt.

Beiblatt 2 zu DIN EN 62305-3 (**VDE 0185-305-3**) beschreibt die blitzschutztechnischen Anforderungen und Maßnahmen für „besondere bauliche Anlagen", d. h. für verschiedene Typen von baulichen Anlagen, angefangen bei Krankenhäusern, Kliniken und Ärztehäusern bis hin zu Kirchtürmen und Kirchen. Im Band 160 wird ein besonderer Aspekt auf den Blitzschutz von Gebäuden und Anlagen mit explosionsgefährdeten Bereichen gelegt.

Beiblatt 3 zu DIN EN 62305-3 (**VDE 0185-305-3**) gibt „ergänzende Hinweise für die Prüfung und Wartung von Blitzschutzsystemen". Neben den grundlegenden Informationen zu Prüfungen an Blitzschutzsystemen werden die möglichen Messverfahren und die Prüfungsmaßnahmen einschließlich eines detaillierten Ablaufplans zu Prüfungen dargestellt.

DIN EN 62305-4 (**VDE 0185-305-4**) behandelt den Schutz von baulichen Anlagen mit elektrischen und elektronischen Systemen gegen die Wirkungen des elektromagnetischen Blitzimpulses LEMP (Lightning Electromagnetic Impulse) durch entsprechende Schutzmaßnahmen (SPM – Surge Protective Measures). Diese beinhalten eine individuelle Kombination aus folgenden Schutzmaßnahmen: Erdung und Potentialausgleich, räumliche Schirmung, Leitungsführung und -schirmung, koordiniertes SPD-System (SPD – Surge Protective Device), isolierende Schnittstellen. Die Kennwerte der Schutzmaßnahmen müssen dem gewählten Gefährdungspegel LPL (Lightning Protection Level) entsprechen. Die Basis für diese Schutzmaßnahmen ist unverändert das Blitzschutzzonenkonzept.

Eingeflossen in dieses Buch sind die Erfahrungen in Blitzschutz, Überspannungsschutz und elektromagnetischer Verträglichkeit sehr unterschiedlicher Anlagen und Projekte, die die Autoren in über 30 Jahren beruflicher Tätigkeit auf diesen Gebieten gesammelt haben.

Die Autoren

Inhalt

1 Erläuterungen zu DIN EN 62305-3 (VDE 0185-305-3) Beiblatt 2: Zusätzliche Informationen für besondere bauliche Anlagen

Das Beiblatt 2 zu DIN EN 62305-3 (VDE 0185-305-3) [1.1] enthält zusätzliche Informationen zu „besonderen baulichen Anlagen", für die es international – unter Blitzschutzaspekten – keine normativen Vorgaben gibt. Da sich Gebäudetechnik und Gebäudenutzung in den letzten Jahren weiterentwickelt haben, berücksichtigt das Beiblatt 2 auch moderne bauliche Anlagen, z. B. Biogasanlagen. Tabelle 1.1 zeigt die im Beiblatt 2 behandelten baulichen Anlagen.

Abschnitt	Bauliche Anlage	Abschnitt	Bauliche Anlage
2	Krankenhäuser, Kliniken und Ärztehäuser	6.8	Munitionslager in Gebäuden
3	Sportstätten mit Zuschaueranlagen und Tribünen	6.9	Munitionsstapel im Freien
4	Gebäude mit feuergefährdeten Bereichen	7	Schornsteine
4.1	Allgemeines	7.1	Metallschornsteine
4.2	Anlagen mit besonders gefährdeten Bereichen	7.2	Nichtmetallene Schornsteine
4.3	Gebäude mit weicher Bedachung (Weichdächer)	7.3	Elektrische Anlagen und Metallteile
4.4	Offene Lager	8	Fernmeldetürme
5	Gebäude und Anlagen mit explosionsgefährdeten Bereichen	9	Seilbahnen
5.1	Allgemeines	10	Tragluftbauten
5.2	Begriffe	11	Brücken
5.3	Explosionsgefährdete Bereiche	12	Krane auf Baustellen
5.4	Anlagen im Freien	13	Windmühlen
5.5	Konzept der ständigen Überwachung durch fachkundiges Personal	14	Hochregallager
6	Gebäude mit explosivstoffgefährdeten Bereichen	15	Bauliche Anlagen für Menschenansammlungen
6.1	Allgemeines	16	Siloobjekte mit explosionsgefährdeten Bereichen
6.2	Getrennter äußerer Blitzschutz	17	Biogasanlagen
6.3	Gebäudeblitzschutzanlage	18	Kirchtürme und Kirchen
6.4	Erdung	19	Schwimmbäder
6.5	Blitzschutzpotentialausgleich mit metallenen Installationen in den Gebäuden	20	Anlagen zur Abwasserbehandlung (Kläranlagen)
6.6	Maßnahmen an elektrischen Anlagen	21	Rohrbrücken in Industrieanlagen
6.7	Anlagen im Freien		

Tabelle 1.1 Übersicht der besonderen baulichen Anlagen aus Beiblatt 2 zu DIN EN 62305-3 (VDE 0185-305-3)

Hinweis: Die nachfolgenden Ausführungen beinhalten nur Gebäude und Anlagen mit explosionsgefährdeten Bereichen. Es werden Informationen und Erläuterungen des Abschnitts D aus DIN EN 62305-3 (**VDE 0185-305-3**) [1.2] und der Abschnitte 5, 16, 17, 20 und 21 aus Beiblatt 2 zu DIN EN 62305-3 (**VDE 0185-305-3**) [1.1] behandelt.

1.1   Blitzschutzmaßnahmen für bauliche Anlagen mit explosionsgefährdeten Bereichen

1.1.1   Allgemeines

Die Notwendigkeit von Blitzschutzmaßnahmen für bauliche Anlagen mit explosionsgefährdeten Bereichen ergibt sich aus den nachfolgend dargestellten gesetzlichen Zusammenhängen. Zu berücksichtigen sind in erster Linie die Betriebssicherheitsverordnung (BetrSichV), die Gefahrstoffverordnung (GefStoffV), die dazugehörenden Technischen Regeln für Betriebssicherheit (TRBS) und die Arbeitsstättenverordnung (ArbStättV).

Hinweis: Die nachstehenden Ausführungen zur Betriebssicherheitsverordnung beziehen sich auf die Fassung aus 2011 [1.3]. Es ist damit zu rechnen, dass 2015 eine Neufassung der Betriebssicherheitsverordnung [1.4] veröffentlicht wird. Der Entwurf wurde bereits vom Bundeskabinett verabschiedet und bedarf noch der Zustimmung durch den Bundesrat (Stand Oktober 2014).

„Die Neufassung berücksichtigt insbesondere Unfallschwerpunkte bei Instandhaltung, besonderen Betriebszuständen, Betriebsstörungen und Manipulationen. Erstmals werden besondere Vorgaben zur <u>alters- und alternsgerechten Gestaltung</u> sowie zu <u>ergonomischen und psychischen Belastungen</u> festgelegt.

Die Anforderungen an die sichere Verwendung von Arbeitsmitteln werden als Schutzziele beschrieben. Die klare Trennung zwischen den Pflichten der Hersteller und der Arbeitgeber als Verwender von Arbeitsmitteln wird betont.

Als wichtiges Element des Arbeitsschutzes werden Prüfungen deutlich aufgewertet. In einem neuen Anhang 3 finden sich konkrete Prüfvorschriften für besonders gefährliche Arbeitsmittel. Bei den Prüfungen im Explosionsschutz werden die Regelungen neu gestaltet, damit soll der Explosionsschutz insgesamt verbessert werden. Die Anforderungen an die Prüfer werden erstmals auf einem hohen Niveau in der Verordnung selbst festgelegt. Im Gegenzug müssen Prüfungen bei Anlagen mit brennbaren Flüssigkeiten künftig nicht mehr durch zugelassene Überwachungsstellen durchgeführt werden.“ [1.5]

In Zusammenhang mit der Betriebssicherheitsverordnung muss die Gefahrstoffverordnung [1.6] berücksichtigt werden, die zukünftig eine stärkere Bedeutung haben wird. Die Zusammenhänge zwischen beiden Verordnungen zeigt die Übersicht in **Tabelle 1.2**.

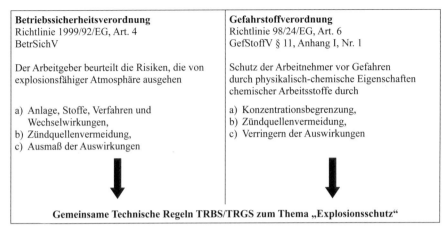

Betriebssicherheitsverordnung Richtlinie 1999/92/EG, Art. 4 BetrSichV	Gefahrstoffverordnung Richtlinie 98/24/EG, Art. 6 GefStoffV § 11, Anhang I, Nr. 1
Der Arbeitgeber beurteilt die Risiken, die von explosionsfähiger Atmosphäre ausgehen	Schutz der Arbeitnehmer vor Gefahren durch physikalisch-chemische Eigenschaften chemischer Arbeitsstoffe durch
a) Anlage, Stoffe, Verfahren und Wechselwirkungen, b) Zündquellenvermeidung, c) Ausmaß der Auswirkungen	a) Konzentrationsbegrenzung, b) Zündquellenvermeidung, c) Verringern der Auswirkungen

Gemeinsame Technische Regeln TRBS/TRGS zum Thema „Explosionsschutz"

Tabelle 1.2 Zusammenhänge zwischen Betriebssicherheitsverordnung (BetrSichV) und Gefahrstoffverordnung (GefStoffV)

Der in **Tabelle 1.3** gezeigte Vergleich zeigt wichtige Inhalte der beiden neuen Novellen auf [1.7, 1.8].

Novelle der Betriebssicherheitsverordnung		Novelle der Gefahrstoffverordnung	
§ 3	Gefährdungsbeurteilung	§ 2	explosionsfähige Atmosphäre/Gemisch
§ 3 (7)	Überprüfung der Gefährdungsbeurteilung alle zwei Jahre	§ 6 (4)	Vermeidung von gefährlicher explosionsfähiger Atmosphäre, Vermeidung von Zündquellen, konstruktiver Explosionsschutz
§ 3 (8)	Dokumentation auch elektronisch	§ 8	Gefährdungsbeurteilung
Anhang 2	Prüfvorschriften	§ 9	Dokumentation der Gefährdungsbeurteilung in einem Explosionsschutzdokument
		Anhang I Nr. 1	Brand- und Explosionsgefährdungen, Zoneneinteilung/Dokumentation

Tabelle 1.3 Novelle der Betriebssicherheitsverordnung (BetrSichV) und Gefahrstoffverordnung (GefStoffV) – Gegenüberstellung wichtiger Inhalte

Prinzipiell gelten allerdings die Aussagen zum Explosionsschutz weiter.

Die Betriebssicherheitsverordnung gilt für die Bereitstellung von Arbeitsmitteln durch Arbeitgeber sowie für die Nutzung von Arbeitsmitteln durch Beschäftigte bei der Arbeit (siehe [1.3], § 1). Zum Anwendungsbereich gehören demnach auch explosionsgefährdete Bereiche, die Geräte, Schutzsysteme oder Sicherheits-, Kontroll- oder Regelvorrichtungen beinhalten. Arbeitsmittel sind Werkzeuge (einfache Werkzeuge, z. B. ein Maßband, sind damit nicht gemeint), Geräte, Maschinen oder Anlagen (siehe [1.3], § 2). Anlagen setzen sich aus mehreren Funktionseinheiten zusammen, die zueinander in Wechselwirkung stehen und deren sicherer Betrieb wesentlich von diesen Wechselwirkungen bestimmt wird. Nach [1.9], Abschnitt A2.1 unterliegen Gebäude, in denen sich Arbeitsstätten befinden, der Arbeitsstättenverordnung ([1.10]). Diese gilt ebenfalls für Einrichtungen dieser Gebäude, z. B. der Elektroinstallation. Die Betriebssicherheitsverordnung ist daher zugleich anzuwenden, wenn die Benutzung der Einrichtungen in direktem Zusammenhang mit der Arbeit steht (z. B. Elektroinstallation in explosionsgefährdeten Bereichen). Blitzschutzmaßnahmen sind Bestandteil der elektrischen Anlage, sodass auch für diesen Bereich die Betriebssicherheitsverordnung und die Technischen Regeln für Betriebssicherheit (TRBS), insbesondere TRBS 2152 Teil 3, Abschnitt 5.8 ([1.11]), beachtet werden müssen.

Voraussetzung für die Planung, Installation und Prüfung von Blitzschutzmaßnahmen sind Vorleistungen, die der Betreiber zu erbringen hat. Hierzu gehören:

• Gefährdungsbeurteilung (siehe Betriebssicherheitsverordnung § 3, [1.3]),

• Einteilung in explosionsgefährdete Bereiche (siehe Betriebssicherheitsverordnung § 5),

• Explosionsschutzdokument (siehe Betriebssicherheitsverordnung § 6),

• Ex-Zonenplan (siehe Betriebssicherheitsverordnung, Anhang 3 und Anhang 4 und TRBS 2152 [1.12]).

Insbesondere für Planer und Prüfer bilden diese Dokumente die Grundlage ihrer Tätigkeit. Nach TRBS 2152 Teil 3, Abschnitt 5.8.1 [1.11] muss eine Gefährdungsbeurteilung folgende Hinweise beachten:

(1) Erfolgt ein Blitzeinschlag in explosionsfähige Atmosphäre, wird durch den Blitz die Atmosphäre unmittelbar entzündet. Daneben besteht eine Zündgefahr durch starke Erwärmung der Ableitwege des Blitzes.

(2) Von Blitzeinschlagstellen aus fließen starke Ströme, die auch in größerer Entfernung von der Einschlagstelle zündfähige Funken und Sprühfeuer auslösen können. Auswirkungen durch Blitzschlag können infolge von Überspannungen auch in größerer Entfernung von der Einschlagstelle auftreten.

(3) Bei Blitzschlag außerhalb der Zonen können Rückwirkungen auf die explosionsgefährdeten Bereiche auftreten.

Die Erstellung einer Gefährdungsbeurteilung ist nicht gleichzusetzen mit einer Risikoabschätzung nach DIN EN 62305-2 **(VDE 0185-305-2)** [1.13]. Eine sorgfältig durchgeführte Risikoabschätzung kann aber ein wichtiges Hilfsmittel im Rahmen einer Gefährdungsbeurteilung darstellen. Die Gefährdungsbeurteilung muss nach TRBS 2152 Teil 3 [1.11] die Vermeidung des Wirksamwerdens von Zündquellen untersuchen. Zu den Zündquellen, deren Wirksamwerden durch Erdungs-, Potentialausgleichs- und Blitzschutzmaßnahmen verhindert werden kann, gehören nach TRBS 2152 Teil 3 insbesondere:

- elektrische Anlagen (Abschnitt 5.5),
- elektrische Ausgleichsströme, kathodischer Korrosionsschutz (Abschnitt 5.6),
- statische Elektrizität (Abschnitt 5.7) und
- Blitzschlag (Abschnitt 5.8).

Diese Bereiche sind im Zusammenhang zu betrachten, da z. B. eine Erdungsanlage oder Potentialausgleichsmaßnahmen nicht nach dem jeweiligen Anwendungsfall getrennt voneinander betrachtet oder realisiert werden.

1.1.2 Festlegung der Blitzschutzklasse

Die DIN EN 62305-3 (**VDE 0185-305-3**) [1.2] enthält im Anhang D keine Vorgabe, welche Blitzschutzklasse für Blitzschutzmaßnahmen in explosionsgefährdeten Bereichen vorzusehen ist. Nach DIN EN 62305-3 (**VDE 0185-305-3**), Abschnitt 4.1 wird die erforderliche Schutzklasse immer durch eine Risikoabschätzung nach DIN EN 62305-2 (**VDE 0185-305-2**) [1.13] ermittelt.

Die Anwendung der DIN EN 62305-2 (**VDE 0185-305-2**) auf Anlagen mit explosionsgefährdeten Bereichen darf keinesfalls einen Widerspruch zur Betriebssicherheitsverordnung und den Technischen Regeln zur Betriebssicherheit (TRBS) ergeben. Die Anwendung der DIN EN 62305-2 (**VDE 0185-305-2**) kann dazu dienen, die Wirksamkeit der sich aus den o. g. gesetzlichen Vorgaben ergebenden Schutzmaßnahmen darzustellen und zu überprüfen. Unabhängig vom Ergebnis gilt stets der Vorrang der gesetzlichen Vorgaben (BetrSichV [1.3] und TRBS 2152 Teil 3 [1.11]). Aus diesen übergeordneten Gründen gibt die TRBS 2152 Teil 3 die Beherrschung einer Blitzkugel mit einem Radius von 30 m vor. Damit ist ein Mindestschutzniveau, unabhängig von Auslegungsunterschieden bei der Erstellung einer Risikoabschätzung nach DIN EN 62305-2 (**VDE 0185-305-2**), sichergestellt. Diese Festlegung entspricht den Vorgaben, die sich aus den normativen Parametern der Blitzschutzklasse II ergeben. Aus diesem Grund wird auch in im Beiblatt 2 zu DIN EN 62305-3 (**VDE 0185-305-3**) im Abschnitt 5.1 ausgeführt:

Wird ein Blitzschutzsystem entsprechend der Schutzklasse II ausgelegt, entspricht dies den normalen Anforderungen für explosionsgefährdete Bereiche. In begründeten Einzelfällen oder bei besonderen Bedingungen, wie z. B. extremen Umwelteinflüssen, klimatischen Bedingungen oder gesetzlichen Vorgaben, kann davon abgewichen werden. Die nachfolgenden Anforderungen basieren auf der Schutzklasse II.

Die in diesem Zusammenhang geforderte Blitzschutzklasse II gilt auch für explosionsgefährdete Bereiche von Siloobjekten, Kläranlagen und Biogasanlagen.

Informationen zur Auswahl der Blitzschutzklasse können auch der VdS 2010 [1.14] entnommen werden. Aus Sicht der Versicherungen sind für Blitzschutzmaßnahmen in explosionsgefährdeten Bereichen immer die normativen Vorgaben der Blitzschutzklasse I zu berücksichtigen. Für Betreiber ist diese Vorgabe dann von Bedeutung, wenn die VdS 2010 Vertragsbestandteil des Versicherungsvertrags ist.

1.1.3　Bedeutung der Ex-Zonen für Blitzschutzmaßnahmen

Grundsätzlich sind für bauliche Anlagen mit explosionsgefährdeten Bereichen Maßnahmen zu treffen, die zwei Ziele haben:

- Vermeidung oder Einschränkung gefährlicher explosionsfähiger Atmosphäre (TRBS 2152 Teil 2 [1.15]),
- Zündquellen unwirksam machen oder die Wahrscheinlichkeit ihres Wirksamwerdens verringern (TRBS 2152 Teil 3 [1.11]).

Weitere umfangreiche Informationen zu diesem Thema können [1.16] und [1.17] entnommen werden.

Ausgehend von der Häufigkeit des Auftretens und der Dauer des Vorhandenseins einer explosionsfähigen Gasatmosphäre erfolgt die Einteilung gefährdeter Bereiche nach [1.12] in

- *Zone 0: Bereich, in dem eine explosionsfähige Atmosphäre als Mischung entflammbarer Stoffe in Form von Gas, Dampf oder Nebel mit Luft **ständig, langzeitig oder häufig** vorhanden ist;*
- *Zone 1: Bereich, in dem damit zu rechnen ist, dass eine explosionsfähige Atmosphäre als Mischung entflammbarer Stoffe in Form von Gas, Dampf oder Nebel mit Luft bei Normalbetrieb **gelegentlich** auftritt;*
- *Zone 2: Bereich, in dem im Normalbetrieb nicht damit zu rechnen ist, dass eine explosionsfähige Atmosphäre als Mischung entflammbarer Stoffe in Form von Gas, Dampf oder Nebel mit Luft auftritt, wenn sie aber dennoch auftritt, dann nur **selten** und **kurzfristig**.*

Anmerkung 1: Bei diesem Begriff bedeutet das Wort „auftreten" die Gesamtdauer, für die die entflammbare Atmosphäre besteht. Dazu gehört gewöhnlich die Gesamtdauer des Austritts sowie die Zeit, die die entflammbare Atmosphäre benötigt, um sich zu verteilen, nachdem sie ausgetreten ist.

Anmerkung 2: Hinweise über die Häufigkeit des Auftretens und die Dauer können Vorschriften entnommen werden, die sich auf den bestimmten Industriezweig oder die Anwendung beziehen (IEC 60050-426:2008, 426-03-03, modifiziert, [1.18]).

Analog hierzu erfolgt die Einteilung gefährdeter Bereiche mit brennbaren Staub in

- *Zone 20: Bereich, in dem eine explosionsfähige Atmosphäre in Form einer Wolke brennbaren Staubs in der Luft **ständig, langzeitig oder häufig** vorhanden ist;*
- *Zone 21: Bereich, in dem damit zu rechnen ist, dass eine explosionsfähige Atmosphäre in Form einer Wolke brennbaren Staubs in der Luft bei Normalbetrieb **gelegentlich** auftritt;*
- *Zone 22: Bereich, in dem im Normalbetrieb nicht damit zu rechnen ist, dass eine explosionsfähige Atmosphäre in Form einer Wolke brennbaren Staubs in der Luft auftritt, wenn sie aber dennoch auftritt, dann nur **selten** und **kurzzeitig**.*

Die in den Zonendefinitionen genannten Begriffe „ständig, über lange Zeiträume oder häufig", „gelegentlich" und „kurzzeitig" können gemäß [1.17] wie folgt definiert werden:

- *Der Begriff „häufig" ist im Sinne von „zeitlich überwiegend" zu verwenden.*
- *Als Normalbetrieb [1.12] gilt der Zustand, in dem Anlagen innerhalb ihrer Auslegungsparameter benutzt werden.*
- *Unter vielen Experten besteht der Konsens, dass der Begriff „kurzzeitig" einer Zeitdauer von maximal 30 min entspricht.*
- *Schichten, Ablagerungen und Aufhäufungen von brennbarem Staub sind wie jede andere Ursache, die zur Bildung einer gefährlichen explosionsfähigen Atmosphäre führen kann, zu berücksichtigen [1.17].*

In den Definitionen zur Zone 0 bzw. Zone 20 sind die Begriffe „ständig", „über lange Zeiträume" oder „häufig" zu finden. Der Begriff „häufig" ist im Sinne von „zeitlich überwiegend" zu verwenden. Als Betrachtungseinheit ist hier die tatsächliche Betriebsdauer einer Anlage anzuwenden. Das heißt mit anderen Worten, dass explosionsgefährdete Bereiche der Zone 0 bzw. Zone 20 zuzuordnen sind, wenn während mehr als 50 % der Betriebsdauer der betrachteten Anlage oder eines Anlagenteils explosionsfähige Atmosphäre vorherrscht. Wird der betrachtete Teil einer Anlage z. B. im Einschichtbetrieb 10 h täglich betrieben, wären dies mehr als 5 h. Hierzu gehört in der Regel nur das Innere von Anlagen oder das Innere von Anlagenteilen (Verdampfer, Reaktionsgefäß, Staubfilter usw.), wenn denn die Bedingungen der Definition der Zone 0 bzw. Zone 20 erfüllt sind [1.17].

Der Unternehmer bzw. Betreiber muss in seinem Explosionsschutzdokument die Betriebszustände, welche er dem „Normalbetrieb" zuordnet, festlegen.

Zum Normalbetrieb gehören in der Regel auch:

- *Das Anfahren und Abfahren von Anlagen.*
- *Die Freisetzung bei betriebsüblichen Störungen, z. B. Abriss eines Sacks von einer Sackabfülleinrichtung.*
- *Die regelmäßig wiederkehrende Reinigung von Anlagen, die zum laufenden Betrieb erforderlich ist.*
- *Tätigkeiten, wie häufige bzw. gelegentliche Inspektion, Wartung und ggf. Überprüfung.*
- *Die Freisetzung geringer Mengen brennbarer Stoffe (z. B. aus Dichtungen, deren Wirkung auf der Benetzung durch die geförderte Flüssigkeit beruht).*

Außerhalb des Normalbetriebs gibt es besondere und seltene Vorgänge und Tätigkeiten, die bei der Zoneneinteilung nicht berücksichtigt werden müssen, die jedoch Explosionsschutzmaßnahmen erfordern. Solche Vorgänge und Tätigkeiten können z. B. sein:

- *Das einmalige Durchlaufen eines explosionsfähigen Bereichs im Inneren eines Flüssiggas-Lagerbehälters während der erstmaligen Befüllung.*

- *Die Instandsetzung nach unplanmäßiger Abschaltung mit möglichem Auftreten einer explosionsfähigen Atmosphäre.*

- *Der Eingriff in eine technisch dichte oder auf Dauer technisch dichte Anlage mit möglichem Auftreten einer explosionsfähigen Atmosphäre.*

- *Seltene Instandsetzungs- und Wartungsmaßnahmen mit möglichem Auftreten einer explosionsfähigen Atmosphäre* [1.17].

Detaillierte Informationen zu diesem Thema, einschließlich einer umfangreichen Beispielsammlung, enthält [1.16].

Die DIN EN 62305-3 (**VDE 0185-305-3**), Anhang D, Abschnitt D.2 [1.2], berücksichtigt diese Systematik.

1.1.4   Blitzschutzmaßnahmen und Ex-Zonen

1.1.4.1   Allgemeines

Zu den zu berücksichtigenden Zündquellen gehört nach TRBS 2152 Teil 3, Abschnitt 5.8 auch der Blitzschlag [1.11].

Wie zuvor ausgeführt sind bauliche Anlagen mit explosionsgefährdeten Bereichen durch geeignete Blitzschutzmaßnahmen zu schützen, wenn Gefahren durch Blitzeinwirkung zu erwarten sind [1.11]. Diese Aussage gilt für alle Zonen. Dabei gilt:

Das Blitzschutzsystem muss so ausgeführt werden, dass bei einem direkten Blitzeinschlag außer an der Einschlagstelle keine Schmelz- und Sprühwirkungen entstehen [1.2].

Um diese Vorgabe zu erfüllen, benötigen Planer/Errichter/Prüfer nach DIN EN 62305-3 (**VDE 0185-305-3**) alle erforderlichen Informationen [1.2]. Im Abschnitt D.3.2 wird verlangt:

Dem Errichter/Planer des Blitzschutzsystems müssen Zeichnungen der zu schützenden Anlage(n) mit entsprechender Kennzeichnung der Bereiche, in denen feste Explosivstoffe benutzt oder gelagert werden, oder der Gefahrenzonen nach IEC 60079-10-1 und IEC 60079-10-2 zur Verfügung gestellt werden.

Diese Forderung wird im Beiblatt 2 zu DIN EN 62305-3 (**VDE 0185-305-3**), Abschnitt 4.3.1 konkretisiert [1.1]:

Für die Planung von Blitzschutzmaßnahmen hat der Betreiber Zeichnungen der zu schützenden Anlagen mit Eintragung der explosionsgefährdeten Bereiche mit Zoneneinteilung entsprechend der Betriebssicherheitsverordnung zur Verfügung zu stellen (**Bild 1.1**).

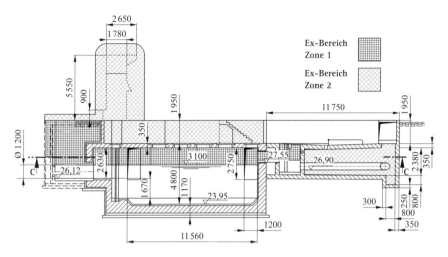

Bild 1.1 Beispiel für einen Ex-Zonenplan

Im Beiblatt 2 zu DIN EN 62305-3 (**VDE 0185-305-3**) wird darauf hingewiesen, dass auch bei einem nach DIN EN 62305-3 (**VDE 0185-305-3**) errichteten Blitz-schutzsystem das Entstehen zündfähiger Funken sowie störende oder schädliche Einwirkungen auf elektrische Anlagen durch Blitzeinwirkung nicht in allen Fällen ausgeschlossen werden kann [1.1]. Hieraus ergibt sich die Notwendigkeit, die erforderlichen Maßnahmen sorgfältig zu planen, auszuführen und mögliche Wechselwirkungen zu erkennen. Trotzdem kann bei aller Sorgfalt nicht ausgeschlossen werden, dass bei Blitzeinwirkung eine schädliche Einwirkung, z. B. auf elektrische Anlagen, möglich ist.

1.1.4.2 Positionierung der Fang- und Ableitungseinrichtung

Nach DIN EN 62305-3 (**VDE 0185-305-3**), Abschnitt 5.2.2 [1.2] ist das Blitzkugel-verfahren für alle Fälle geeignet, um Fangeinrichtungen wirkungsvoll zu dimensio-nieren und anzuordnen. Für die Anordnung von Fangeinrichtungen muss bei der Planung mind. eine Blitzkugel mit einem Radius r von 30 m berücksichtigt werden [1.11].

Bei der Positionierung von Fangeinrichtungen sind die Ex-Zonen zu berücksichtigen. Vorzugsweise sind Fangeinrichtungen in den Bereichen anzuordnen, die nicht als Ex-Zone ausgewiesen sind (**Bild 1.2**). Diese Umsetzung ist in der Praxis nicht immer möglich. Um auch in diesen Fällen einen Blitzschutz realisieren zu können, ist die Positionierung von Fangeinrichtungen gemäß Beiblatt 2 in Bereichen mit Ex-Zone 2 und Ex-Zone 22 möglich, da nur bei seltenen unvorhergesehenen Zuständen damit zu rechnen ist, dass in diesen Bereichen Ex-Atmosphäre kurzfristig vorhanden ist [1.1].

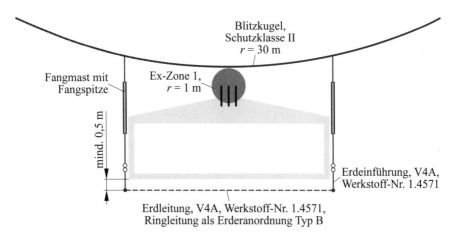

Bild 1.2 Fangmaste als Fangeinrichtung am Beispiel einer Gas-Druckregelstation

In diesem Zusammenhang ist die Frage zu klären, ob die Blitzkugel eine Ex-Zone 0/1 oder Zone 20/21 schneiden darf (siehe Bild 1.3). Da sich eine Zone 0 oder 20 in der Regel innerhalb eines geschlossenen Bereichs befindet (z. B. Behälter oder Rohrleitung), ist die Beantwortung dieser Fragestellung vorzugsweise für die Zonen 1 oder 21 von Bedeutung.

Es ist sinnvoll, an dieser Stelle noch einmal auf die physikalischen Hintergründe des Blitzkugelverfahrens kurz einzugehen. Der Radius r der Blitzkugel ist gleichzusetzen mit der Länge der Fangentladung, die den Leitkopf des Blitzes in Abhängigkeit vom Stromscheitelwert des Blitzes erreicht. Nach dem Blitzkugelverfahren geht eine Fangentladung von einem festen Punkt (z. B. einer baulichen Anlage) aus, an dem sich eine ausreichend große elektrische Ladungsmenge konzentrieren kann. Die Wechselbeziehung zwischen dem Radius der Blitzkugel (= Länge der Fangentladung) zum Stromscheitelwert des Blitzes, der das Gebäude trifft, ergibt sich aus dem elektro-geometrischen Modell und wird in der Norm angegeben mit:

$$r = 10 \cdot I^{0,65}.$$

Mit:

r Radius der Blitzkugel in Meter,

I Blitzstromscheitelwert in Kiloampere.

Überall dort, wo dieser Vorgang an einer baulichen Anlage in Abhängigkeit vom Stromscheitelwert möglich ist, kann es nach dem Blitzkugelverfahren zu einem Blitzeinschlag kommen. Das Blitzkugelverfahren ist also ein Planungsverfahren, um einschlaggefährdete Punkte eines zu schützenden Volumens zu identifizieren. Real sind daher die mithilfe des Blitzkugelverfahrens identifizierten einschlaggefährdeten Punkte, aber nicht die Kontur der Blitzkugel.

Die Planung muss sicherstellen, dass die Fangeinrichtungen so angeordnet werden, dass folgende Bedingungen erfüllt werden:

- Das zu schützende bauliche Volumen muss vollständig im einschlaggeschützten Bereich liegen (Bild 1.3),
- Fangeinrichtungen sind so anzuordnen, dass schädliche Einwirkungen auf die Zonen 0/1 oder Zone 20/21 vermieden werden,
- Fangeinrichtungen sind vorzugsweise so zu planen, dass Fangentladung und Blitzkanal nicht durch die Ex-Zone 1 oder Ex-Zone 21 laufen (Bild 1.4),
- in den Fällen, wo dies nicht möglich ist, muss der Betreiber weitere Schutzmaßnahmen vorsehen (z. B. Maßnahmen des tertiären Explosionsschutzes).

Die nachfolgenden Bilder verdeutlichen die zuvor gemachten Aussagen.

Bild 1.3 zeigt ein Beispiel, bei dem die Linie der Blitzkugel durch die Ex-Zone 1 verläuft. Wie zuvor ausgeführt, hat die Blitzkugel jedoch keine reale Dimension und gibt als Planungshilfe nur mögliche Einschlagpunkte an, die mithilfe des Blitzkugelverfahrens identifiziert werden können. Demnach können Blitzeinschläge in diesem Beispiel nur in die Fangmaste einschlagen, die sich außerhalb der Ex-Zone 1 befinden.

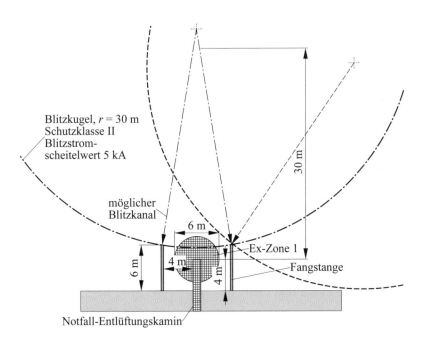

Bild 1.3 Anordnung von Fangeinrichtungen außerhalb der Ex-Zone 1 – Auswirkungen auf die Ex-Zone 1 sind ausgeschlossen, Fangentladung oder Blitzkanal verlaufen nicht durch die Ex-Zone 1

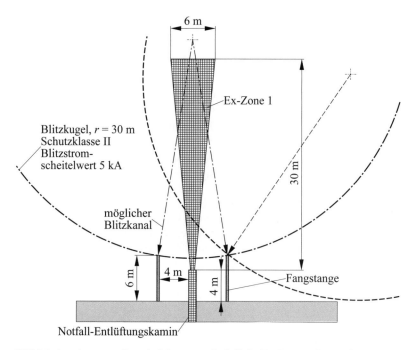

Bild 1.4 Anordnung von Fangeinrichtungen außerhalb der Ex-Zone 1 – Fangentladung oder Blitzkanal können durch die Ex-Zone 1 verlaufen

Da Fangentladung und Blitzkanal nicht durch die Ex-Zone 1 laufen, werden die Rahmenbedingungen für einen ordnungsgemäßen Schutz eingehalten. Die Fangmaste sind dabei so anzuordnen, dass mögliche Funkenbildung am Einschlagort keine Auswirkung auf die Ex-Zone 1 hat und der erforderliche Trennungsabstand eingehalten wird.

Bei besonderen baulichen Anlagen kann es erforderlich sein, dass vom Betreiber die Ex-Zone 1 bis zu großen Höhen (z. B. 30 m oder mehr) festgelegt wird. Diese Situation kann z. B. in Zusammenhang mit Gas-Pipelines auftreten, die unter hohem Druck betrieben werden. In Notsituationen müssen diese Fernleitungen sofort drucklos gesetzt werden. Dies geschieht in der Regel durch Notfall-Entlüftungsrohre. In diesen Fällen kann es möglich sein, dass Blitzkanal und/oder Fangentladung durch die Ex-Zone 1 verlaufen, der Einschlag aber in den Fangmast außerhalb der Ex-Zone 1 erfolgt. Diese Situation zeigt **Bild 1.4**.

Da im Plasmakanal der Blitzentladung Temperaturen von mehreren 10 000 °C auftreten können, besteht für diese Ausnahmesituation die Gefahr einer Entzündung. Es kann sein, dass diese Situation durch die entsprechende Anordnung oder Dimensionierung von Fangeinrichtungen nicht zu verhindern ist. In diesem Fall ist zu prüfen, ob die

Bild 1.5 Getrennter Blitzschutz mit hochspannungsfesten Ableitungen

Auswirkungen durch andere Maßnahmen, z. B. tertiäre Explosionsschutzmaßnahmen (Beispiel: Einsatz einer Flammendurchschlagsicherung), begrenzt werden können.

Die in DIN EN 62305-3 (**VDE 0185-305-3**) zugelassenen Fangeinrichtungen werden als gleichwertig betrachtet. Trotzdem ist es sinnvoll, bei der Planung der Fangeinrichtung den Einsatz von Fangstangen zu bevorzugen. Mit dem Einsatz von Fangstangen werden die möglichen Einschlagpunkte festgelegt (Bild 1.2). Die Fortleitung des eingekoppelten Blitzstroms kann dann gezielt festgelegt werden. Um dies zu erreichen, können getrennte und nicht getrennte Fangstangen zum Einsatz kommen (**Bild 1.5**).

Mit der richtigen Anordnung von Fangstangen lassen sich auch direkte Blitzeinschläge in kritische Bereiche verhindern (z. B. Rohrleitungen, die entsprechend der Druckgeräterichtlinie [1.19] zertifiziert sind (siehe **Bild 1.6** und **Bild 1.7**)).

In den Anwendungsfällen, in denen es nicht möglich ist, Ableitungen außerhalb des explosionsgefährdeten Bereichs zu errichten, sind diese so zu installieren, dass die Selbstentzündungstemperatur der explosionsgefährdeten Umgebung nicht überschritten wird [1.1].

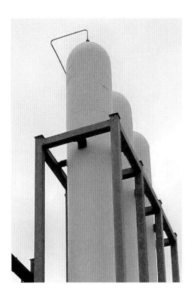

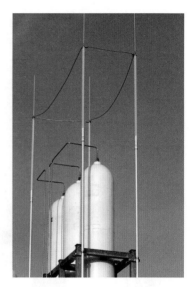

Bild 1.6 Gas-Druckbehälter

Bild 1.7 Fangeinrichtungen gegen direkten Blitzeinschlag

1.1.4.3 Erdungsanlage

Grundsätzlich wird in der DIN EN 62305-3 (**VDE 0185-305-3**) [1.2] im Abschnitt D.3.3 für sämtliche Blitzschutzsysteme in explosionsgefährdeten Bereichen eine Anordnung Typ B für die Erdungsanlage nach Abschnitt 5.4.2.2 der Norm empfohlen. Dies gilt natürlich auch für Biogasanlagen, Siloobjekte und Kläranlagen. Dabei soll der Ableitungswiderstand von Erdungsanlagen in Bereichen mit festen Explosivstoffen und explosionsfähiger Atmosphäre so gering wie möglich sein, jedoch nicht größer als 10 Ω.

Für neue bauliche Anlagen bedeutet dies, dass immer ein Fundamenterder unter Beachtung der DIN 18014 [1.20] zu erstellen ist. Die Planung des Fundamenterders sollte dabei nicht nur die Belange des Blitzschutzes berücksichtigen. Frühzeitig sind Einzelfundamente, Stahlkonstruktionen, Motoren, Behälter, Tanks, Rohrbrücken, Rohrleitungen, Geländer usw. zu berücksichtigen. Die erforderlichen Informationen können Aufstellungsplänen entnommen werden. Weiterhin ist zu prüfen, ob die Ableitfähigkeit von Böden und Belägen gegen elektrostatische Aufladungen in die Planungsmaßnamen mit einzubeziehen ist.

Besteht die bauliche Anlage aus einem Komplex von Einzelbauten, dann ist auf eine ausreichende Vermaschung der Erdungsanlagen zu achten. Für größere bauliche Anlagen kann sich dann eine Kombination ergeben, bestehend aus:

- vermaschten Erdungsleitern (nicht rostender Stahl, V4A, Werkstoff-Nr. 1.4571) (**Bild 1.8**),
- Fundamenterder in Einzelfundamenten (**Bild 1.9**),
- vermaschten Einzelfundamenten (**Bild 1.10**),
- Fundamenterder im Erdreich (Bild 4.28),
- Fundamenterder in der Bodenplatte (Bild 4.3) und
- Tiefenerdern (Bild 5.140 in [1.21]).

Bild 1.8 zeigt beispielhaft die Planung des Fundamenterders für ein Tanklager. Das Tanklager besteht aus zwei Bereichen, die durch eine Dehnungsfuge getrennt sind.

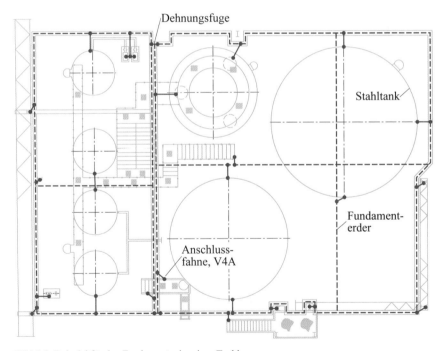

Bild 1.8 Beispiel für den Fundamenterder eines Tanklagers

Bild 1.9 Fundamenterder in einem Einzelfundament für eine Stahlstütze

Bild 1.10 Verbindungen zwischen Einzelfundamenten

1.1.4.4 Potentialausgleich

Der Potentialausgleich muss den Anforderungen für das Blitzschutzsystem gemäß DIN EN 62305-3 (**VDE 0185-305-3**), Abschnitt 6.2 [1.2] und für Installationen in explosionsgefährdeten Bereichen entsprechend DIN EN 60079-17 (**VDE 0165-10-1**) [1.22] bzw. DIN EN 60079-10-2 (**VDE 0165-102**) [1.23] entsprechen.

Als Verbindungsleitungen zwischen den Metallteilen und Erdern gelten außer Leitungen nach den Tabellen 7 und 8 in DIN EN 62305-3 (**VDE 0185-305-3**) auch Rohrleitungen, die sicher elektrisch leitend verbunden sind. Anschlüsse und Verbindungen an Rohrleitungen sind dabei so auszubilden, dass beim Blitzstromdurchgang keine Funken entstehen. Geeignete Anschlüsse sind angeschweißte Fahnen, Bolzen oder Gewindebohrungen in den Flanschen zur Aufnahme von Schrauben (**Bild 1.11**).

Bild 1.11 Gewindebohrung für Schraubverbindung

Bild 1.12 Getestete und zugelassene Ex-Rohrschelle
(Quelle: Dehn + Söhne, Neumarkt)

Schraubverbindungen in explosionsgefährdeten Bereichen müssen gegen Selbstlockern gesichert sein. Dies kann z. B. durch die Verwendung von Federringen erreicht werden. Gemäß Beiblatt 2 haben sich Zahnscheiben nicht bewährt. Anschlüsse an Rohrleitungen mittels Schellen sind zulässig, wenn deren Zündfunkenfreiheit durch Prüfungen bei Blitzströmen nachgewiesen wurde (**Bild 1.12**).

Die Installation der Ex-Bandrohrschellen erfordert die genaue Beachtung der Installationsanleitung. Hierzu zählt, dass die Explosionsgruppe, für die die Ex-Bandrohrschelle getestet wurde, beachtet wird, dass die Kontaktfläche frei von Öl, Staub oder sonstigen Verschmutzungen ist und dass die zulässige Betriebstemperatur der Rohrleitung beachtet wird.

Bild 1.13 Anschlussstelle für eine Tankerdung

Für den Anschluss von Verbindungs- und Erdungsleitungen sind an Behältern, Tanks und metallenen Gebäudekonstruktionen besondere Anschlussstellen vorzusehen (**Bild 1.13**).

Achtung: Verbindungen des äußeren Blitzschutzes zum Blitzschutzpotentialausgleich mit Rohrleitungen und metallenen Installationen dürfen nur im Einvernehmen mit dem Betreiber der Anlage unter Beachtung des Ex-Schutzzonendokuments ausgeführt werden.

1.1.4.5 Maßnahmen für Anlagen im Freien

Die Wirksamkeit von Schutzmaßnahmen für explosionsgefährdete Anlagen im Freien kann durch die Anwendung des Risikomanagements nach DIN EN 62305-2 (**VDE 0185-305-2**) [1.12] näher untersucht werden. Bei der Anwendung dieses Normenteils bedarf die Bewertung des Faktors r_f (Reduktionsfaktor in Abhängigkeit vom Brandrisiko einer baulichen Anlage) einer detaillierten Untersuchung und ist mit dem Betreiber oder dem Verantwortlichen für die Gefährdungsbeurteilung abzustimmen (siehe VDE-Schriftenreihe 44, Anhang B [1.21]).

Für Fabrikationsanlagen aus Metall, z. B. Kolonnen, Reaktoren, Behälter usw., im Freien mit Bereichen der Zonen 2 und 22, bei denen das Material den Anforderungen von Tabelle 3 in DIN EN 62305-3 (**VDE 0185-305-3**) entspricht, gilt [1.1]:

a) Fangeinrichtungen und Ableitungen werden nicht benötigt, es sei denn, es ergeben sich zusätzliche Anforderungen aus der Richtlinie 97/23/EG über Druckgeräte [1.19].

b) Fabrikationsanlagen werden entsprechend DIN EN 62305-3 (**VDE 0185-305-3**), Abschnitt 5.4 geerdet.

c) Einzeln stehende Tanks oder Behälter werden, je nach horizontaler größter Abmessung (Durchmesser oder Länge), wie folgt geerdet:

   – bis 20 m: einmal,

   – über 20 m: zweimal.

   Für Tanks in Tankfarmen (z. B. von Raffinerien und Tanklagern) genügt, unabhängig von der horizontalen größten Abmessung, die Erdung jedes Tanks an nur einer Stelle (Bild 1.13).

Tanks in Tankfarmen werden miteinander verbunden. Als Verbindung gelten außer Verbindungen nach DIN EN 62305-3 (**VDE 0185-305-3**), Tabellen 7 und 8 auch Rohrleitungen, die sicher elektrisch leitend verbunden sind.

Hinweis: In der Praxis hat es sich bewährt, zusätzliche Verbindungen vorzusehen, da die Kosten für diese Maßnahmen im Vergleich mit den Gesamtkosten unbedeutend sind (siehe **Bild 1.14**).

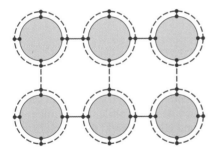

Bild 1.14 Beispiel für Erdungsmaßnahmen in einer Tankfarm

d) Oberirdische Rohrleitungen aus Metall außerhalb von Fabrikationsanlagen werden etwa alle 30 m mit einer Erdungsanlage verbunden oder mit einem Oberflächenerder oder einem Staberder geerdet (**Bild 1.15**). Etwa vorhandene elektrisch isolierende Aufleger der Rohrleitungen brauchen nicht überbrückt werden.

   Anmerkung: Handelt es sich bei den oberirdisch verlegten Rohrleitungen um geschlossene metallene und elektrisch leitend verbundene Leitungsabschnitte, die über Metallauflager in deutlich kleineren Abständen als 30 m (z. B. alle 10 m) mit dem Erdungssystem verbunden sind, kann auf die geforderte Erdung alle 30 m verzichtet werden.

Bild 1.15 Anschlussstelle für die Erdung einer Stahlstütze

e) An Füllstationen für Tankfahrzeuge, Schiffe usw. werden die metallenen Rohrleitungen nach DIN EN 62305-3 (**VDE 0185-305-3**) geerdet, sofern nicht schon eine Erdung nach d) gegeben ist. Außerdem werden die Rohrleitungen mit etwa vorhandenen größeren Stahlkonstruktionen und Gleisen direkt oder nach Erfordernis über Trennfunkenstrecken verbunden (**Bild 1.16**) zur Berücksichtigung von Bahnströmen, Streuströmen, elektrischen Zugsicherungen, kathodische Korrosionsschutzanlagen und dergleichen. Bei Umfüllanlagen an elektrischen Bahnen sind unter Umständen weitere nationale Normen zu beachten.

Für Anlagen im Freien mit Bereichen der Zonen 1 und 21 sind neben den zuvor aufgeführten Festlegungen für Zonen 2 und 22 nach DIN EN 62305-3 (**VDE 0185-305-3**), Abschnitt 5.4.2 der Norm folgende Ergänzungen zu berücksichtigen:

a) Sind in Rohrleitungen Isolierstücke eingesetzt, so hat der Betreiber die Schutzmaßnahmen festzulegen. Durch Einsatz von z. B. explosionsgeschützten Trennfunkenstrecken kann ein Über- bzw. Durchschlagen verhindert werden. Wenn möglich, sollten die Trennfunkenstrecken und die Isolierstücke außerhalb der explosionsgefährdeten Bereiche eingebaut werden.

Bild 1.16 Ex-Trennfunkenstrecke

b) Für Fernleitungen zum Befördern gefährlicher Flüssigkeiten gilt: In Pumpen-
   kammern, Schieberkammern und ähnlichen Anlagen werden alle eingeführten
   Rohrleitungen einschließlich der metallenen Mantelrohre durch Leitungen mit
   einem Querschnitt von mind. 50 mm² Cu durchverbunden und geerdet. Die
   Überbrückungsleitungen sind an besonderen angeschweißten Fahnen oder mit
   gegen Selbstlockern gesicherten Schrauben an den Flanschen der eingeführten
   Rohre anzuschließen. Isolierstücke werden durch Funkenstrecken überbrückt.

c) Bei Schwimmdachtanks ist das Schwimmdach mit dem Tankmantel gut leitend zu verbinden. Metalltreppen dürfen als Verbindung benutzt werden, wenn
   sie durch bewegliche Leitungen mit dem Schwimmdach und mit dem oberen
   Tankmantelrand verbunden sind. Bei Schwimmdachtanks mit Stahlgleitschuhen
   und Aufhängevorrichtungen im Dampfraum unter der Abdichtung sind leitende
   Überbrückungen über jeder Aufhängevorrichtung zwischen dem Gleitschuh und
   dem Schwimmdach anzubringen.

Zusätzlich zu den zuvor genannten Maßnahmen gilt für Anlagen im Freien mit Bereichen der Zonen 0 und 20 nach DIN EN 62305-3 (**VDE 0185-305-3**), Abschnitt 5.4.2:

a) Verbindungen der Blitzschutzanlage zum Blitzschutzpotentialausgleich mit Rohrleitungen und anderen metallenen Installationen dürfen nur im Einvernehmen mit
   dem Betreiber der Anlage ausgeführt werden.

b) Elektrische Einrichtungen im Innern von Tanks für brennbare Flüssigkeiten müssen für diese Anwendungen geeignet sein. Aufgrund der Bauart sind Maßnahmen
   zum Blitzschutz zu ergreifen.

c) Geschlossene Behälter aus Stahl, in deren Innern sich die Zone 0 bzw. die Zone 20
   befinden, müssen an den möglichen Blitzeinschlagstellen eine Wanddicke von
   mind. 5 mm haben. Bei geringerer Wanddicke sind Fangeinrichtungen anzubringen.

1.1.5 Instandhaltung und Prüfung

1.1.5.1 Allgemeines

Instandhaltung und Prüfung von Blitzschutzmaßnahmen in explosionsgefährdeten Bereichen hatten in den Normen für Blitzschutz schon immer einen hohen Stellenwert. Dies spiegelt sich auch in der aktuellen Norm wider. Hervorzuheben ist in diesem Zusammenhang die zunehmend engere Verknüpfung mit der Normenwelt der Reihe DIN EN 60079 (**VDE 0165**), z. B. [1.22, 1.23]) und DIN EN 60079 (**VDE 0170**). Zusätzlich zu den allgemeinen Anforderungen des Abschnitts 7 der DIN EN 62305-3 (**VDE 0185-305-3**) [1.2] enthält der Abschnitt D.6 dieser Norm weitere Anforderungen für die Prüfung und Instandhaltung von Blitzschutzsystemen in baulichen Anlagen mit Explosionsgefährdung. Grundsätzlich müssen nach Abschnitt D.6.1 alle Blitzschutzsysteme an Anlagen mit Explosionsgefährdung sorgfältig instand gehalten und geprüft werden.

Voraussetzung ist nach Abschnitt D.6.2 die Aufstellung eines Wartungs- und Prüfplans für die installierten Schutzsysteme. Mit Abschluss der Installation von Blitzschutzsystemen sind Wartungsrichtlinien zu erstellen oder in bestehenden Plänen zu ergänzen.

Wartung und Instandsetzung dürfen in explosionsgefährdeten Bereichen nach Abschnitt D.6.3 nur von qualifiziertem Personal durchgeführt werden, das die erforderliche Ausbildung und Erfahrung hat (siehe in diesem Zusammenhang auch DIN EN 60079-17 (**VDE 0165-10-1**), Abschnitt 3.12 „fachkundiges Personal" [1.22]). Im Abschnitt D.6.3 der DIN EN 62305-3 (**VDE 0185-305-3**) [1.2] werden daher folgende Voraussetzungen gefordert:

Personal, das

a) *Fachkenntnisse und Verständnis der theoretischen und praktischen Anforderungen für die Errichtung von Blitzschutzanlagen in explosionsgefährdeten Bereichen hat;*

b) *die Anforderungen für Sichtprüfung und vollständige Prüfung sowie für Geräte und Einrichtungen im Hinblick auf die installierten Blitzschutzbauteile und Ausführungsarten versteht.*

Um hier Klarheit zu schaffen, hat das DKE-Komitee K 251 die Anforderungen an eine Blitzschutz-Fachkraft für Tätigkeiten in explosionsgefährdeten Bereichen im nationalen Vorwort detailliert beschrieben und orientiert sich dabei an DIN EN 60079-14 (**VDE 0165-1**), Anhang F ([1.24]).

Um sicherzustellen, dass die Anlagen in einem zufriedenstellenden Zustand erhalten werden, der den ununterbrochenen Betrieb ermöglicht, werden in der DIN EN 62305-3 (**VDE 0185-305-3**) [1.2] zwei Prüfkonzepte genannt:

a) *regelmäßig wiederkehrende Prüfungen und/oder*

b) *ständige Überwachung durch Fachkräfte und, wenn erforderlich, Durchführung einer Wartung.*

Dabei gilt:

Nach jeder Einstellung, Wartung, Reparatur, Beanstandung, Änderung oder Ersatz müssen die Anlagen oder die betreffenden Anlagenteile einer Prüfung unterzogen werden.

Der Betreiber muss im Rahmen einer Gefährdungsanalyse eine Gefährdung so gering halten, dass zwischen zwei Prüfungen kein kritischer Zustand in der explosionsgefährdeten Anlage entstehen kann. Grundsätzlich müssen Prüfungen so organisiert werden, dass durch das richtige Zusammenspiel von

- *Prüfart,*
- *Prüfumfang,*
- *Prüftiefe (z. B. Besichtigen, Messen, Erproben),*
- *Prüffristen und*
- *Befähigung des Prüfers*

eine Beurteilung des ordnungsgemäßen Zustands der Anlage möglich ist [1.1].

Neu hinzukommende Geräte, Schutzsysteme oder Sicherheits-, Kontroll- oder Regelvorrichtungen usw., d. h. Anlagen oder Anlagenteile sowie bei Bedarf auch geänderte Geräte, Schutzsysteme oder Sicherheits-, Kontroll- oder Regelvorrichtungen usw., sind unverzüglich in die Prüfpläne für die wiederkehrenden Prüfungen aufzunehmen. Verantwortlich hierfür ist die befähigte Person (Prüfer), die für die Umsetzung des Prüfkonzepts verantwortlich ist. Der Prüfer muss in der Lage sein, eine selbstständige Bewertung der Gesamtanlage, Teilanlage, Geräte usw. und ggf. veränderter Umgebungsbedingungen vorzunehmen und die Prüfung möglicherweise in Art, Tiefe und Umfang anzupassen. Grundsätzlich ist es ausreichend, wenn Abweichungen vom Sollzustand aufgezeichnet werden.

Die Feststellung des ordnungsgemäßen Zustands muss nicht auf Einzelobjekte bezogen dokumentiert werden; sie kann auch auf eine räumliche Zuordnung Bezug nehmen. Werden keine Mängel festgestellt, dann ist die Durchführung der Prüfung zu bestätigen [1.1].

1.1.5.2 Regelmäßig wiederkehrende Prüfung

Die regelmäßig wiederkehrende Prüfung muss unabhängig von Wartungs- und Instandsetzungsarbeiten ausgeführt werden. Prüfer müssen dabei in der Lage sein, unvoreingenommen über die Ergebnisse der Prüfung zu berichten. Dabei ist es nicht erforderlich, dass Prüfer einer externen unabhängigen Organisation angehören.

1.1.5.3 Konzept der ständigen Überwachung durch fachkundiges Personal

Das Konzept der ständigen Überwachung durch fachkundiges Personal aus der DIN EN 60079-17 (**VDE 0165-10-1**) [1.22] kann jetzt auch für die Wartung und Prüfung von Blitzschutzmaßnahmen zur Anwendung kommen. Ziel der ständigen Überwachung ist es, mögliche Mängel früh zu erkennen und zu beheben. Dabei sollen die Fähigkeiten des vorhandenen fachkundigen Personals, das die Anlage im Rahmen seiner Arbeiten (z. B. Montagearbeiten, Änderungen, Inspektionen, Wartungsarbeiten, Fehlersuche, Reinigungsarbeiten, Kontrollgänge, An- und Abklemmarbeiten, Funktionsprüfungen, Messungen) betreut, genutzt werden, um Mängel und Veränderungen frühzeitig zu erkennen.

Voraussetzung für die Anwendung dieses Konzepts ist es, dass eine Anlage im üblichen Verlauf der Arbeiten von fachkundigem Personal regelmäßig begangen wird.

Die Prüfung erfordert Personal, das:

a) *Fachkenntnisse und Verständnis der theoretischen und praktischen Anforderungen für die Errichtung von Blitzschutzsystemen in explosionsgefährdeten Bereichen hat;*

b) *die Anforderungen für Sichtprüfung und vollständige Prüfung sowie für Geräte und Einrichtungen im Hinblick auf die installierten Blitzschutzbauteile und Ausführungsarten versteht* (siehe Abschnitt D.6.3 in DIN EN 62305-3 (**VDE 0185-305-3**) [1.2]).

Diese Fähigkeiten und Kenntnisse sind durch entsprechende nationale Schulungs- und Ausbildungsmaßnahmen nachzuweisen. Eine ständige Überwachung durch fachkundiges Personal hebt jedoch die Anforderung nach Erst- und Stichprobenprüfung nicht auf. Um die Voraussetzungen für die Anwendung dieses Konzepts zu präzisieren, wurden im Beiblatt 2 zu DIN EN 62305-3 (**VDE 0185-305-3**), Abschnitt 5.5 [1.1] zusätzliche Hinweise gegeben.

Voraussetzung für die Prüfung im Rahmen eines Konzepts der ständigen Überwachung durch fachkundiges Personal ist, dass jeder Betreiber ein für seine Belange zugeschnittenes Konzept erstellt. Mit diesem Konzept können die instandhaltungsbegleitenden Prüfungen vorteilhaft im Sinne einer Aufwandsminimierung durch Vermeidung von Doppelprüfungen genutzt werden.

Der Betreiber muss sich darüber im Klaren sein, dass er verantwortlich für die Erstellung und Umsetzung des Prüfkonzepts ist. Er hat die Verantwortlichkeiten und Aufgaben für die befähigten Personen festzulegen und zu benennen. Eine schriftliche Benennung wird empfohlen. Die befähigte Person ist dann verantwortlich für die sach- und fachgerechte Durchführung der Prüfung und sollte grundsätzlich die Kenntnisse einer Blitzschutz-Fachkraft mitbringen.

Sieht das Prüfkonzept instandhaltungsbegleitende Prüfungen vor, dann sind folgende Voraussetzungen zu erfüllen (siehe Abschnitt 5.5 in Beiblatt 2 zu DIN EN 62305-3 (**VDE 0185-305-3**) [1.1]):

- *Kontinuierliche Betreuung der Anlagen durch Fachpersonal.*
- *Der Instandhaltungsauftrag umfasst auch die Überwachung und Erhaltung des ordnungsgemäßen Zustands der Anlage.*
- *Mängel in der Anlage werden zeitnah erfasst und unverzüglich behoben.*
- *Vorhandensein einer befähigten Person, die die Ergebnisse der Prüfungen des Fachpersonals bewertet und erforderliche Maßnahmen einleitet.*
- *Die entsprechenden Wartungs- und Inspektionspläne (Prüfpläne) müssen die sicherheitstechnischen Anforderungen beinhalten.*
- *Die befähigte Person muss über alle die Erhaltung des ordnungsgemäßen Zustands betreffenden Aktivitäten in der Anlage zeitnah informiert sein.*

Der ordnungsgemäße Zustand bezüglich des Explosionsschutzes wird innerhalb von maximal drei Jahren durch die befähigte Person geprüft und beurteilt (siehe § 15 in [1.3] und Abschnitt B15.7 in [1.25]). Auf Grundlage der Prüfergebnisse legt die befähigte Person das Prüfintervall der nächsten wiederkehrenden Prüfungen fest und beurteilt hierbei, ob das Prüfkonzept den Anforderungen genügt, d. h., Mängel werden so rechtzeitig erkannt, dass sie noch keine sicherheitstechnische Beeinflussung darstellen.

1.1.5.4 Prüffristen und elektrische Prüfanforderungen

Nach DIN EN 62305-3 (**DIN VDE 0185-305-3**), Abschnitt E.7.1, Tabelle 2 [1.2] sind Blitzschutzsysteme für explosionsgefährdete bauliche Anlagen alle sechs Monate einer „Sichtprüfung" zu unterziehen. Der „elektrische Test" der Installationen sollte einmal im Jahr ausgeführt werden. Gemäß Norm ist es eine akzeptable Abweichung von diesem jährlichen Prüfplan, wenn die Tests alle 14 bis 15 Monate an den Stellen stattfinden, wo es sinnvoll erscheint, die Messung des Erdwiderstands zu unterschiedlichen Zeiten des Jahrs durchzuführen, um so einen Hinweis auf jahreszeitbedingte Veränderungen zu bekommen.

Gemäß Abschnitt D.6.5 der DIN EN 62305-3 (**VDE 0185-305-3**) [1.2] muss das Blitzschutzsystem elektrisch geprüft werden

a) *alle zwölf (+ zwei) Monate, oder*

b) *es ist eine komplexe Angelegenheit, einen geeigneten Zeitabstand der wiederkehrenden Prüfungen genau vorherzusagen. Die Prüftiefe und die Intervalle zwischen den wiederkehrenden Prüfungen müssen festgelegt sein, wobei die Art der Geräte, die Hinweise des Herstellers (falls vorhanden), die Abnutzung beeinflussenden Faktoren und die Ergebnisse vorheriger Prüfungen zu berücksichtigen sind.*

Weiterhin wird die Erstellung einer Inspektionsstrategie gefordert:

Wenn die Prüftiefe und die Prüfintervalle für ähnliche Geräte, Anlagen und Umgebungen bereits eingerichtet wurden, müssen diese Erfahrungen bei der Festlegung der Inspektionsstrategie genutzt werden. Zeitabstände zwischen wiederkehrenden

*Prüfungen, die größer als drei Jahre sind, sollten auf einer Abschätzung basieren, die alle wesentlichen Informationen enthält. Wartung und Prüfung des Blitzschutzsystems sollten zusammen mit Wartung und Prüfung der elektrischen Einrichtungen in explosionsgefährdeten Bereichen erfolgen und müssen Bestandteil des Prüfplans sein. Messgeräte zur Prüfung müssen IEC 61557-4 (DIN EN 61557-4 (**VDE 0413-4**)) entsprechen. Der Gleichspannungswiderstand jedes einzelnen an das Blitzschutzsystem angeschlossenen Objekts darf 0,2 Ω nicht überschreiten. Die Prüfung muss mit der geeigneten Prüfeinrichtung nach den Anweisungen des Herstellers durchgeführt werden.*

Entsprechend Abschnitt D.6.6 der DIN EN 62305-3 (**VDE 0185-305-3**) [1.2] ist für Messungen das Erdwiderstandsmessverfahren anzuwenden. Bei diesem Messverfahren erfolgt die Messung des Erdwiderstands gegen Sonde und Hilfserder. In der Norm wird ausgeführt:

*Für diese Anwendung dürfen nur speziell für die Erdwiderstandsmessung ausgelegte Messgeräte zugelassen werden (**Bild 1.17**).*

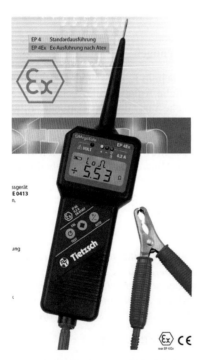

Bild 1.17 Beispiel für ein Widerstandsmessgerät für die schnelle Prüfung nach DIN EN 61557-4 (**VDE 0413-4**) von Schutz- und Erdungsleitungen, Potentialausgleichs- und Blitzschutzleitungen mit Ex-Zulassung (Quelle: Fa. Rudolph Tietzsch, Ennepetal)

Die Messgeräte müssen ordnungsgemäß gewartet und nach den Herstelleranweisungen kalibriert sein.

Falls möglich, muss das Drei-Punkt-Erdwiderstandsmessverfahren zur Messung des Erdwiderstands in explosionsgefährdeten Einrichtungen verwendet werden.

Hinweis: Bauliche Anlagen mit explosionsgefährdeten Bereichen sind in der Regel von befestigten Flächen umgeben, sodass die Messung des Erdwiderstands häufig nicht erfolgen kann. Möglich sind in der Regel Schleifenwiderstandsmessungen, die eine Aussage darüber ermöglichen, ob der gemessene Widerstandswert auf eine ordnungsgemäße Erdungsanlage hindeutet.

1.1.5.5 Überspannungsschutz

Nach Abschnitt D.6.7 [1.2] müssen Überspannungsschutzgeräte (und deren Mittel zur Isolierung, falls vorhanden) nach den Herstelleranweisungen in Intervallen von nicht mehr als zwölf Monaten geprüft werden oder immer dann, wenn eine elektrische Prüfung des Blitzschutzsystems durchgeführt wird. Überspannungsschutzgeräte müssen auch nach jedem vermuteten Blitzschlag in die bauliche Anlage geprüft werden.

1.1.5.6 Reparatur

Werden bei der Prüfung Mängel festgestellt, dann muss das Instandhaltungspersonal nach Abschnitt D.6.8 [1.2] sicherstellen, dass alle während der Prüfung festgestellten Mängel innerhalb eines angemessenen Zeitrahmens behoben werden. Dieser Zeitraum wird in der Norm nicht präzisiert. Wesentliche Mängel sollten in einem Zeitraum von bis zu sechs Wochen behoben werden. Hierzu gehören z. B. defekte Erder, Fangeinrichtungen, fehlerhafte Potentialausgleichsanschlüsse und Überspannungsschutzgeräte. Der genaue Zeitraum hängt letztendlich von den örtlichen Gegebenheiten ab. Für die rechtzeitige Behebung der Mängel trägt der Betreiber die Verantwortung.

1.1.5.7 Aufzeichnung und Unterlagen

Nach Abschnitt D.6.9 [1.2] sind alle Hinweise auf einen Blitzschaden an der Anlage oder dem zugehörigen Blitzschutz unverzüglich zu dokumentieren und zu berichten. Wartungs- und Prüfberichte sind für jede Anlage zum Zweck der Trendanalyse aufzubewahren.

1.1.6 Zusätzliche Informationen für Siloobjekte mit explosionsgefährdeten Bereichen

Für Siloobjekte mit explosionsgefährdeten Bereichen sind die Ausführungen des Abschnitts 16 im Beiblatt 2 zu DIN EN 62305-3 (**VDE 0185-305-3**) [1.1] zu berücksichtigen.

In diesem Abschnitt des Beiblatts 2 zu DIN EN 62305-3 (**VDE 0185-305-3**) wird darauf hingewiesen, dass leitende, dachüberragende Einrichtungen, z. B. Dachaufbauten und metallene Rohrsysteme, vorzugsweise durch getrennte Fangeinrichtungen vor direkten Blitzeinschlägen zu schützen sind. Ist ein direkter Anschluss nicht zu umgehen, muss die Auswirkung des in das Innere der baulichen Anlage eingekoppelten Blitzteilstroms beachtet werden.

Werden die Anforderungen nach DIN EN 62305-3 (**VDE 0185-305-3**), Abschnitte 5.2.5, 5.3.5 und 5.5 [1.2] erfüllt, dann können auch natürliche Bestandteile für den äußeren Blitzschutz genutzt werden.

Besteht das Silogebäude aus Stahlbeton, dann kann die Bewehrung als Ableitungseinrichtung genutzt werden, wenn sichergestellt ist, dass die Bewehrungen blitzstromtragfähig verbunden sind. Informationen hierzu können den Bildern 101 bis 105 und 107 aus dem Beiblatt 1 zu DIN EN 62305-3 (**VDE 0185-305-3**) [1.26] entnommen werden. In diesem Anwendungsfall werden nur Fangeinrichtungen und eine Erdungsanlage benötigt.

Besteht das Stahlbetongebäude ohne durchverbundene Bewehrungen nach DIN EN 62305-3 (**VDE 0185-305-3**), Abschnitt 4.3, dann werden Ableitungen, Fangeinrichtungen und eine Erdungsanlage benötigt. Die ergänzende Nutzung der Bewehrung für den Blitzschutz sollte aber geprüft werden.

Für die Ableitungseinrichtung werden mind. vier Ableitungen benötigt. Der Abstand der Ableitungen sollte 10 m nicht überschreiten.

Der Nachweis für den niederohmigen Durchgang der Fang- und Ableitungseinrichtung sowie der Erdungsanlage ist durch ein geeignetes Prüfverfahren unter Beachtung von Beiblatt 1 zu DIN EN 62305-3 (**VDE 0185-305-3**), Abschnitt 4.3 zu erbringen (siehe auch Bild 100 aus Beiblatt 1 zu DIN EN 62305-3 (**VDE 0185-305-3**) [1.26].

Erfüllen Metallfassaden und Stahlkonstruktionen ebenfalls die normativen Anforderungen an Ableitungseinrichtungen, können diese als Ableitungseinrichtung genutzt werden. Außen liegende metallene Einrichtungen, wie Regenfallrohre, Feuerlöschleitungen, Flucht- und Außenleitern, werden mit der Erdungsanlage verbunden.

1.1.7 Zusätzliche Informationen für Biogasanlagen

Durch Vergärung von Biomasse wird in Biogasanlagen Gas erzeugt, dass meistens vor Ort in einem Blockheizkraftwerk (BHKW) zur Strom- und Wärmeerzeugung genutzt wird [1.27]. Biogas kann auch auf Erdgasqualität gereinigt und in das Erdgasnetz eingespeist werden. Die bei diesem Prozess erzeugten Biogase sind brennbar und explosionsfähig, sodass die Betriebssicherheit, wie für alle Anlagen mit explosionsgefährdeten Bereichen, eine große Rolle spielt. Unfälle in der Vergangenheit haben gezeigt, dass neben der Personengefährdung auch erhebliche Umweltschäden auftreten können. Die Schadensquelle Blitzeinwirkung ist durch geeignete Schutzmaßnahmen auf ein akzeptiertes Risiko zu begrenzen. Aus diesem Grund enthält das Beiblatt 2 zu DIN EN 62305-3 (**VDE 0185-305-3**) [1.1] einen eigenen Abschnitt mit zusätzlichen Informationen zum Schutz von Biogasanlagen gegen Blitzeinwirkung (Abschnitt 17).

Wie für alle baulichen Anlagen mit explosionsgefährdeten Bereichen wird ein Schutz durch ein Blitzschutzsystem benötigt, das für Schutzklasse II ausgelegt ist [1.11, 1.28]. In besonderen Einzelfällen ist das Erfordernis zusätzlicher Maßnahmen durch eine Risikoabschätzung nach DIN EN 62305-2 (**VDE 0185-305-2**) [1.13] zu überprüfen. Neben den Anforderungen der DIN EN 62305-3 (**VDE 0185-305-3**) Anhang D [1.2] sind die Anforderungen der DIN EN 60079-14 (**VDE 0165-1**) [1.24] und des Abschnitts 5 im Beiblatt 2 zu DIN EN 62305-3 (**VDE 0185-305-3**) [1.1] zu beachten. Zeigt eine Risikoanalyse, dass eine Installation gegen Blitz- und sonstige Überspannungen besonders anfällig ist, werden Vorkehrungen zur Vermeidung dieser möglichen Gefährdungen getroffen.

Gärbehälter und Fermenter haben häufig als Abdichtung spezielle Biogasfolien. Das Verhalten von Biogasfolien bei direktem Blitzeinschlag wurde durch eine Kombination aus einem Stoßstrom 50 kA (Wellenform 10/350 µs) und einem definierten Langzeitstrom 100 C/0,5 s getestet [1.29] (siehe **Bild 1.18**). Als Ergebnis der Prüfung wurde eine Perforation der Folie am Eintrittspunkt der Blitzentladung festgestellt. Zusätzlich trat eine verstärkte Berußung/Verkohlung auf der Oberfläche auf, es kam außerdem zu einer Flammenentwicklung der Folie im Lichtbogenbereich (**Bild 1.19**). Im Falle eines Blitzeinschlags kann es hierdurch zu einer Zündung der explosionsfähigen Atmosphäre aufgrund der Flammenbildung oder auch durch abtropfendes Material kommen.

Bild 1.18 Gesamtansicht Prüfaufbau Kunststofffolien
(Quelle: Dehn + Söhne, Neumarkt)

Bild 1.19 Kombinierte Belastung einer Biogasfolie mit 50 kA, 10/350 μs Stoßstrom und Langzeitstrom [1.29]
(Quelle: Dehn + Söhne, Neumarkt)

Diese Untersuchungen haben dazu geführt, dass der Schutz von Biogasanlagen gemäß Beiblatt 2 zu DIN EN 62305-3 (**VDE 0185-305-3**) [1.1] vorzugsweise durch getrennte Fang- und Ableitungseinrichtungen erfolgen soll (siehe **Bild 1.20** und **Bild 1.21**), wenn durch zündfähige Funken Gefahren nicht ausgeschlossen werden können. Die praktische Realisierung eines getrennten Blitzschutzsystems mit Fangmasten zeigt **Bild 1.22**.

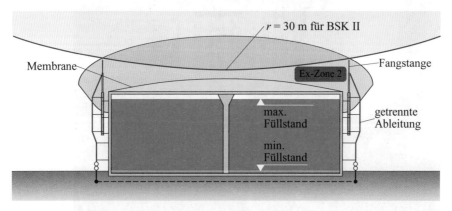

Bild 1.20 Beispiel für einen Gärbehälter/Fermenter mit Folienhaube (Membrane), getrennte Fang- und Ableitungseinrichtung
(Quelle: Beiblatt 2 zu DIN EN 62305-3 (**VDE 0185-305-3**), Bild 13)

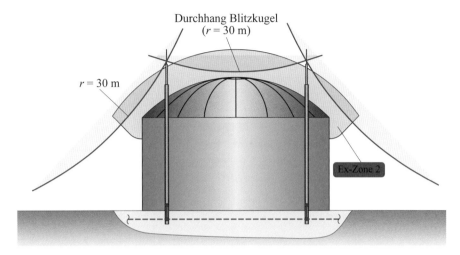

Bild 1.21 Beispiel für den Schutz eines Gärbehälters/Fermenters mit Folienhaube (Membrane) durch Fangmaste

Bild 1.22 Fangmaste als getrennte Fangeinrichtung

Biogasanlagen bestehen aus mehreren baulichen Anlagen mit jeweils eigenständigen Erdungsanlagen. Zur Vermeidung hoher Potentialdifferenzen werden diese Erdungsanlagen zu einer vermaschten Gesamterdungsanlage verbunden (siehe **Bild 1.23**). Über Kabeltrassen wird eine Erderleitung oder (bei breiten Trassen) mehrere eingebracht, um direkte Blitzeinschläge in die Kabel zu verhindern. Diese zusätzlichen Erder werden mit der Erdungsanlage verbunden.

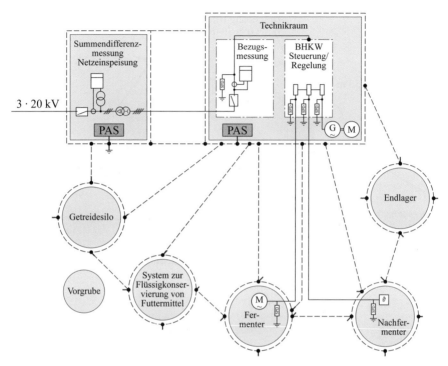

Bild 1.23 Vermaschte Erdungsanlage

1.1.8 Zusätzliche Informationen für Kläranlagen

1.1.8.1 Allgemeines

Kläranlagen sind aufgrund der großen flächenmäßigen Ausdehnung und des weitläufigen informationstechnischen Netzes durch Blitzeinwirkung stark gefährdet (**Bild 1.24**). Dies trifft insbesondere auf die Bauwerke zu, die das Klärwerksgelände deutlich überragen, z. B. Faultürme (siehe **Bild 1.25**). Besonders gefährdet sind auch Betriebsgebäude, die die zentrale Steuer- und Messtechnik für den Betrieb und die Überwachung der Kläranlage enthalten [1.30].

Diese Erfahrungen werden auch im DWA-Regelwerk Merkblatt DWA-M 261 [1.32] berücksichtigt. Es wird darauf verwiesen, dass Elektronikkomponenten der modernen Systemtechnik geringere Isolationsfestigkeiten und Spannungsfestigkeiten aufweisen. Aus diesem Grund kann die betrieblich erforderliche Systemverfügbarkeit nur vorgehalten und sichergestellt werden, wenn Schutzmaßnahmen für Überspannungsschutz-, Blitzschutz-, Potentialausgleichs- und Erdungsmaßnahmen gewerkeübergreifend koordiniert werden (siehe Abschnitt 1 in [1.32]).

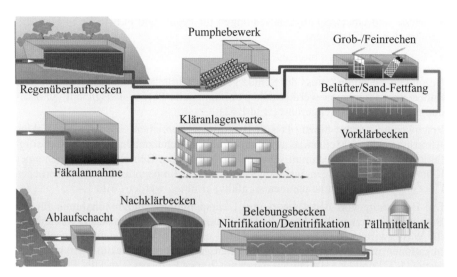

Bild 1.24 Prinzipieller Aufbau einer Kläranlage
(Quelle: Dehn + Söhne, Neumarkt [1.31])

Bild 1.25 Blitzeinschlag in die Faultürme einer Kläranlage

Schutzmaßnahmen gegen Blitzeinwirkung und Überspannungen müssen daher die Verfügbarkeit insbesondere der Betriebsmesseinrichtungen sicherstellen.

Hierzu gehören u. a.:

- Pegelstandmesseinrichtungen zur Durchflussmessung,
- Messeinrichtungen zur Messung des pH-Werts und des Feststoffgehalts,

- Mess- und Überwachungseinrichtungen für Pegel- und Füllstände in Pumpensümpfen und Behältern,
- Sauerstoffmesseinrichtungen.

Besondere Beachtung muss der Schutz gegen gefährliche Spannungen und Ströme finden. In Kläranlagen werden daher umfangreiche Potentialausgleichs- und Erdungsmaßnahmen durchgeführt (Bild 1.42).

Erschwerend kommt hinzu, dass in bestimmten Bereichen eine explosionsfähige Atmosphäre durch Methangas auftreten kann. Alle Schutzmaßnahmen müssen sorgfältig aufeinander abgestimmt sein und die besonderen Betriebsbedingungen eines Klärwerks berücksichtigen. Insbesondere müssen die Einbauorte für die erforderlichen Überspannungsschutzmaßnahmen sorgfältig ermittelt werden (Bild 1.45).

Die Bedeutung von Blitzschutz- und Überspannungsschutzmaßnahmen für die Betreiber wird erkennbar durch die Veröffentlichungen der Deutschen Vereinigung für Wasserwirtschaft, Abwasser und Abfall e. V. (DWA), die sich in eigenen Publikationen intensiv mit Schutzmaßnahmen gegen Blitzeinwirkung befasst haben (siehe [1.32] und [1.33]). Die im Abschnitt 20 des Beiblatts 2 zu DIN EN 62305-3 (**VDE 0185-305-3**) [1.1] aufgeführten Informationen berücksichtigen diese Publikationen und ergänzen diese.

1.1.8.2 Blitzschutzmaßnahmen für Kläranlagen

Nach Beiblatt 2 zu DIN EN 62305-3 (**VDE 0185-305-3**) entspricht ein Blitzschutzsystem, das für Schutzklasse III ausgelegt ist, den normalen Anforderungen für bauliche Anlagen von Kläranlagen, wenn für diese keine Ex-Bereiche ausgewiesen wurden.

Für bauliche Anlagen mit umfangreichen informationstechnischen Einrichtungen können zusätzliche Maßnahmen erforderlich sein. Zeigt die Risikoanalyse nach DIN EN 62305-2 (**VDE 0185-305-2**) [1.13], dass eine Installation gegen Blitz- und sonstige Überspannungen besonders anfällig ist, dann sind Schutzmaßnahmen zur Vermeidung dieser Gefährdung zu treffen.

Zu diesen baulichen Anlagen gehören:

- Betriebsgebäude mit einer Leitwarte,

- Betriebsgebäude, die Einrichtungen des Prozessleitsystems einschließlich der dazugehörenden Infrastruktur enthalten.

Für bauliche Anlagen mit explosionsgefährdeten Bereichen (z. B. in Vorklär-, Misch- und Ausgleichsbecken, Eindickern und Faultürmen) müssen die Anforderungen aus Anhang D der DIN EN 62305-3 (**VDE 0185-305-3**) [1.2] und des Abschnitts 5 des Beiblatts 2 zu DIN EN 62305-3 (**VDE 0185-305-3**) [1.1] berücksichtigt werden. Ein Blitzschutzsystem, das für Schutzklasse II ausgelegt ist, entspricht den normalen Anforderungen für diese Bereiche.

1.1.8.3 Blitzschutzmaßnahmen für Betriebsgebäude einer Kläranlage

Die Anforderungen an den Blitzschutz für die Betriebsgebäude einer Kläranlage werden durch die technischen Einrichtungen bestimmt. Die Gebäude, die Einrichtungen des Prozessleitsystems, einschließlich der dazugehörenden Infrastruktur, enthalten, sind durch ein Blitzschutzsystem zu schützen, das mind. den Anforderungen der Schutzklasse II entspricht, damit eine möglichst hohe Verfügbarkeit sichergestellt ist, wie sie im DWA-Regelwerk DWA-M 261 [1.32] gefordert wird.

Die Planung eines Blitzschutzsystems sollte dabei folgende Punkte berücksichtigen:

- Zur Sicherstellung der Schutz- und Funktionserdung sowie eines niederimpedanten Potentialausgleichs ist bei Neubauten ein engmaschiger Fundamenterder (Maschenweite z. B. 10 m × 10 m) vorzusehen. Dieser ist mit der Bewehrung im Mindestabstand von 2 m stromtragfähig zu verbinden.

- Eine niederimpedante Erdung wird durch eine ausreichende Anzahl von Anschlussfahnen oder Erdungsfestpunkten aus nicht rostendem Material (siehe DIN EN 62305-3 (**VDE 0185-305-3**), Tabelle 7 in der Norm) ermöglicht. Diese sind in der baulichen Anlage im Bereich von Verteilungen, Kabeleintritten, Kabelverteilern und Steuerpulten anzuordnen. Im Außenbereich werden Anschlüsse für die Vermaschung der Gebäudeerdungsanlagen benötigt. Natürliche Bestandteile des Gebäudes, die den Mindestanforderungen der Normen entsprechen, sind als Teile des Blitzschutzsystems bevorzugt zu nutzen.

- Die Stahlbewehrung von Wänden und Decken ist in die Schutzmaßnahmen einzubeziehen, sodass eine möglichst hochwertige Schirmung erreicht wird. Durch diese Maßnahme wird die Einkopplung von elektromagnetischen Störimpulsen in das Innere der baulichen Anlage so weit wie möglich reduziert.

- Der Schutz von Dachaufbauten ist so zu planen, dass die Einkopplung von Teilblitzströmen in das Innere verhindert wird. Nach DWA-M 261, Abschnitt 4.3 gelten für Versorgungsleitungen, die über längere Strecken auf dem Dach geführt werden, die gleichen Anforderungen wie für Dachaufbauten. Elektrische Verkabelungen zu Dachaufbauten müssen elektromagnetisch geschirmt sein [1.32].

1.1.8.4 Blitzschutzmaßnahmen für Klärbecken

Aufgrund der großen Abmessungen der Klärbecken ist ein vollständiger Blitzschutz nur mit sehr großem Aufwand realisierbar. Da bei direktem Blitzeinschlag in die Betonteile eines Klärbeckens lediglich mit örtlich begrenzten Schäden, in Form von abgeplatzten Betonstücken, zu rechnen ist, werden in der Regel für diese Bereiche keine Fangeinrichtungen realisiert. Alle metallenen Einrichtungen werden nach DIN EN 62305-3 (**VDE 0185-305-3**), Tabelle 8 der Norm in den Blitzschutzpotentialausgleich einbezogen und geerdet. Hierzu gehören Schieberkonstruktionen, Geländer, Treppen, Rohrleitungen usw. (siehe **Bild 1.26 bis Bild 1.30**).

Bild 1.26 Potentialausgleich zu metallenen Konstruktionen und Rohrleitungen

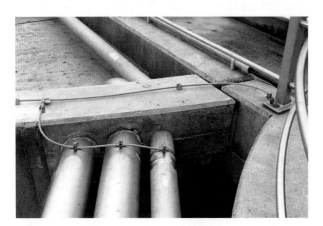

Bild 1.27 Potentialausgleich mit V4A-Stahlseil

Bild 1.28 Potentialausgleich zwischen Geländerelementen

Bild 1.29 Potentialausgleichsverbindung zum Erdungsfestpunkt des Fundamenterders

Besondere Überlegungen sind für überdachte Klärbecken erforderlich (siehe **Bild 1.31**). Der Sinn dieser Überdachung ist es, eine Geruchsbelästigung der näheren Umgebung zu vermeiden. Unterhalb dieser Überdachung kann sich eine explosionsfähige Atmosphäre bilden. In diesen Fällen muss geprüft werden, ob durch technische Maßnahmen, z. B. einer kontrollierten Be- und Entlüftung, sichergestellt werden kann, dass die Zündquelle Blitz keinen Schaden anrichten kann.

Bild 1.30 Flanschüberbrückungen mit nicht rostendem Stahlseil 78 mm^2, Material: V4A, Werkstoff-Nr. 1.4571

Bild 1.31 Überdachte Klärbecken

1.1.8.5 Blitzschutzmaßnahmen für explosionsgefährdete Gebäude in Kläranlagen

Explosionsgefährdete Bereiche in Kläranlagen (**Bild 1.32**) sind u. a. in Vorklär-, Misch- und Ausgleichsbecken (**Bild 1.33**), Eindickern (**Bild 1.34**) und Faultürmen (**Bild 1.35**) vorhanden. Die Blitzschutz- und Potentialausgleichsmaßnahmen müssen daher die Anforderungen der TRBS 2152 Teil 3 [1.11], der DIN EN 62305-3 (**VDE 0185-305-3**), Anhang D [1.2], dem Beiblatt 2 zu DIN EN 62305-3 (**VDE 0185-305-3**) [1.1] und der DIN EN 60079-14 (**VDE 0165-1**) [1.24] berücksichtigen.

Bild 1.32 Beispiel für die Ausweisung von Ex-Bereichen

Bild 1.33 Klärbecken mit ausgewiesenen Ex-Bereichen

Die Faultürme einer Kläranlage stellen in der Regel die höchsten Gebäude auf dem Gelände einer Kläranlage dar (Bild 1.35). Durch die Methangasbildung im Faulturm ist im Inneren eine ständige explosionsfähige Atmosphäre vorhanden. Für Faultürme ist daher ein Blitzschutzsystem, das wenigstens den Anforderungen der Schutzklasse II entspricht, erforderlich.

In Beiblatt 2 zu DIN EN 62305-3 (**VDE 0185-305-3**), Abschnitt 20.5 werden folgende Maßnahmen aufgeführt:

Bild 1.34 Im Bereich von Klärbecken sind überwiegend Erdungs- und Potentialausgleichsmaßnahmen erforderlich

Bild 1.35 Faultürme – hier sind Blitzschutzmaßnahmen der Schutzklasse II erforderlich

Auf den Faultürmen und den dazugehörenden Verbindungsbrücken sind umfangreiche elektrische und messtechnische Einrichtungen vorhanden. Die Fangeinrichtungen werden so angeordnet, dass ein direkter Blitzeinschlag oder Funkenüberschlag in diese Einrichtungen oder Verkabelungen verhindert wird (siehe Bild 1.38 und Bild 1.39). *Hierzu kann es erforderlich sein, die Verkabelung in geschlossene Metallkanäle zu legen. Die Metallkanäle sollten an den Enden und im Abstand von ca. 10 m bis 20 m geerdet werden. Durch die Verlegung von Kabeln in einem Metallkanal wird eine Schirmung erreicht, die elektromagnetische Störeinkopplungen, insbesondere auf MSR-Leitungen, wirksam reduziert. Die Deckel eines Metallkanals werden so montiert, dass sie die Fugen des Unterteils überlappen. Es muss sichergestellt werden, dass nach allen Arbeiten die Deckel wieder so aufgesetzt werden, dass die vorgesehene Schirmwirkung erreicht wird.*

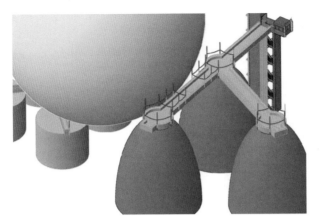

Bild 1.36 Faulturmanlage, Planung der getrennten Fangeinrichtung mithilfe des Blitzkugelverfahrens

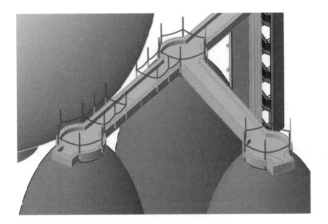

Bild 1.37 Anwendung des Blitzkugelverfahrens im Detail

Nachfolgend wird die Realisierung von getrennten Fangeinrichtungen für eine Faulturmanlage mit Treppen-/Aufzugsturm gezeigt. Die Anordnung der Fangeinrichtungen erfolgte nach dem Blitzkugelverfahren für Blitzschutzklasse II (**Bild 1.36**). Als Fangeinrichtung wurde eine Kombination aus getrennten Fangmasten gewählt, die im Bereich der Fangspitzen durch ein Aldreyseil miteinander verbunden sind (**Bild 1.37**). Damit ergibt sich ein vermaschtes Fangeinrichtungssystem mit einer guten Stromaufteilung und entsprechend geringen Trennungsabständen zu metallenen und elektrischen Installationen (**Bild 1.38**). Gemäß Explosionsschutzdokument wurde die Ex-Zone 1 bis zur Oberkante Brüstung festgelegt.

Bild 1.38 Faulturm – die getrennte Fangeinrichtung berücksichtigt die erforderlichen Trennungsabstände zu metallenen und elektrischen Installationen

Bild 1.39 Anschluss der getrennten Fangleitung an die Metallfassade, die als Ableitungssystem verwendet wird

Der Anschluss der Fangeinrichtungen erfolgt an die Metallbleche der Faultürme, die als natürliches Ableitungssystem genutzt werden (**Bild 1.39**). Die Überlappungen der Metallbleche wurden mehrfach blitzstromtragfähig flexibel überbrückt (**Bild 1.40**). Am Tiefpunkt der Metallbleche erfolgte der Anschluss an eine Erderanordnung Typ B (**Bild 1.41**).

Bild 1.40 Faulturm – flexible Überbrückungen an den Überlappungsstellen der Metallbleche

Bild 1.41 Anschluss der Metallbleche an eine Erderanordnung Typ B

1.1.8.6 Erdungsanlagen für Kläranlagen

Aufgrund der großen räumlichen Ausdehnung einer Kläranlage kommt der Planung und Errichtung der erforderlichen Erdungsanlagen eine große Bedeutung zu. Bei Neuanlagen muss für jedes Betriebsgebäude und jedes Becken grundsätzlich ein Fundamenterder nach DIN 18014 erstellt werden (siehe **Bild 1.42**, Beiblatt 2 zu DIN EN 62305-3 (**VDE 0185-305-3**), Abschnitt 20.6 [1.1] und DWA-M 261, Abschnitt 6.2 [1.32]).

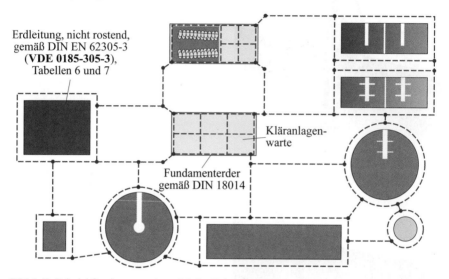

Bild 1.42 Beispiel für ein vermaschtes globales Erdungsnetz aus Fundamenterder und Erdleitungen im Erdreich
(Quelle: Beiblatt 2 zu DIN EN 62305-3 (**VDE 0185-305-3**), Bild 21 [1.1])

Zwischen den Gebäuden und Becken einer Kläranlage wird in der Regel eine Vielzahl von energie- und informationstechnischen Kabeln verlegt. Die Verlegung kann unterirdisch, auf Rohrbrücken oder in betonierten Medienkanälen erfolgen. Bei der Planung und Errichtung der Erdungsmaßnahmen muss auf eine ausreichende Vermaschung der Erdungsanlagen geachtet werden.

In Medienkanälen aus bewehrtem Ortbeton ist ein Fundamenterder zu verlegen, der an den Fundamenterder der jeweiligen Gebäude anzuschließen ist. Zusätzlich sind im Medienkanal Anschlussfahnen für die Erdung von Kabelpritschen oder anderen metallenen Einrichtungen vorzusehen. Der Abstand der Anschlussfahnen sollte ca. 20 m bis 30 m betragen. Dehnungsfugen sind stromtragfähig zu überbrücken.

Erfolgt eine Kabelverlegung im Erdreich, dann sind über den Kabeln Erdungsleiter zu verlegen, die mit der jeweiligen Gebäudeerdungsanlage zu verbinden sind (Bild 1.61 in diesem Buch und Bild 24 in Beiblatt 2 zu DIN EN 62305-3 (**VDE 0185-305-3**)).

Bei einer Verlegung der Kabel auf Rohrbrücken ist auf eine ausreichende Erdung der Rohrbrückenstützen zu achten.

Ist eine Erweiterung oder Erneuerung der Erdungsanlage für bestehende Kläranlagen erforderlich (**Bild 1.43**), dann ist als Erdungsanlage vorzugsweise ein Oberflächenerder als Erderanordnung Typ B zu erstellen. In Beckenbereichen kann eine Erdung auch durch Tiefenerder erfolgen, wenn sichergestellt ist, dass alle Tiefenerder untereinander verbunden sind. Diese Verbindung kann durch die Nutzung von Geländern oder Rohrleitungen erfolgen, die damit gleichzeitig auch in den Potentialausgleich einbezogen werden. Es muss sichergestellt sein, dass der Potentialausgleich dauerhaft gewährleistet ist und nicht durch Demontagearbeiten, z. B. an Geländern, aufgehoben werden kann.

Bild 1.43 Korrodierte Erdungsanlage

Bild 1.44 Erderanordnung Typ B, Flachband 30 mm × 3,5 mm, V4A, Werkstoff-Nr. 1.4571

Erdungsanlagen und dazugehörende Betriebsmittel sind grundsätzlich korrosionsbeständig auszuführen. Hierfür eignen sich Erdungsmaterialien aus nicht rostendem Stahl, V4A, Werkstoff-Nr. 1.4571 (**Bild 1.44**).

Nach der Ausführung müssen die Erdungsanlagen sorgfältig dokumentiert werden. Die Dokumentationsunterlagen sind durch Ausführungsdetails und Fotos zu ergänzen.

1.1.8.7 Schutz gegen Überspannungen

In Kläranlagen werden elektrische Betriebsmittel (z. B. Messeinrichtungen) im Verbund mit empfindlichen elektronischen Steuerungs- und Automatisierungssystemen sowie Komponenten der Leistungselektronik eingesetzt. Aufgrund der weitläufigen Vernetzung der Systemtechnik entstehen große Leitungsschleifen, die die Gefahr durch eingekoppelte Überspannungen in Kläranlagen in besonderem Maße erhöht. Aus diesen Gründen hat das Thema Überspannungsschutz in Beiblatt 2 zu DIN EN 62305-3 (**VDE 0185-305-3**), Abschnitt 20.7 [1.1] und in der DWA-M 261, Abschnitt 5 [1.32] eine zentrale Bedeutung.

Im Merkblatt DWA-M 261, Abschnitt 5.2 [1.32] wird für Niederspannungsanlagen konsequent gefordert:

Bei Neuinstallationen, Erneuerungen oder Instandsetzungen in betreibereigenen, betriebsmäßig geerdeten Niederspannungsnetzen sind ausschließlich Systeme mit der Netzform TN-S gemäß DIN VDE 0100-100 zu errichten.

Diese Forderung wird auch für Altanlagen erhoben:

Altanlagen mit den Netzformen TN-C oder TN-C-S sind bei Erweiterungen, Instandsetzungen oder Umbauten in die Netzform TN-S umzurüsten (DIN VDE 0100-444).

Es wird ausdrücklich eine konsequente Führung von Neutralleiter und Schutzleiter gefordert, um Potentialdifferenzen durch Betriebsströme zu minimieren. Damit werden Systemfunktionsstörungen oder Ausfälle der Automatisierungssysteme reduziert (siehe DWA-M 261, Abschnitt 8 [1.32]).

Der Schutz gegen Überspannungen für energie- und informationstechnische Einrichtungen kann nach Beiblatt 2 zu DIN EN 62305-3 (**VDE 0185-305-3**), Abschnitt 20.7 [1.1] durch folgende Maßnahmen erreicht werden:

- *Verlegung von Lichtwellenleitern, die keinen metallenen Beidraht haben.*

- *Verwendung geschirmter Kabel, der Schirm ist stromtragfähig und mind. an beiden Enden mit der jeweiligen Gebäudeerdungsanlage zu verbinden.*

- *Einsatz von Erdungsleitern, die oberhalb einer Kabeltrasse im Erdreich verlegt und mit den jeweiligen Gebäudeerdungsanlagen verbunden sind.*

- *Einsatz von koordinierten Blitzstrom- und Überspannungsableitern.*

- *Auswahl von Betriebsmitteln mit ausreichender Spannungsfestigkeit.*

Hinweis:

• Ein Leitungsschirm darf kein Ersatz für einen fehlenden Potentialausgleichsleiter sein.
• Eine einseitige Erdung von Leitungsschirmen ist nach DWA-M 261, Abschnitt 6.4 nicht zulässig [1.32].

Anschluss- und Erdungsleitungen der Überspannungsschutzgeräte müssen so verlegt werden, dass die Schutzwirkung der Geräte nicht aufgehoben wird und keine Überspannungen eingekoppelt werden.

Selbstverständlich müssen Überspannungsschutzgeräte in regelmäßigen Zeitabständen wiederkehrend geprüft werden. Gemäß Betriebssicherheitsverordnung (BetrSichV) sind die Prüffristen anlagenspezifisch festzulegen, der maximale Abstand zwischen Prüfungen darf höchstens drei Jahre betragen. Weitere Anhaltspunkte zu Prüfintervallen finden sich in Beiblatt 3 zu DIN EN 62305-3 (**VDE 0185-305-3**) [1.34], der DGUV Vorschrift 3 (vormals BGV A3) [1.35] oder der VdS 2010 [1.14].

Nach DWA-M 261, Abschnitt 5.3 [1.32] sind alle Leitungssysteme, die in ein Gebäude eingeführt werden, in den Blitzschutzpotentialausgleich einzubeziehen. Die Systemtechnik im Außenbereich wird in gleicher Weise geschützt wie eine bauliche Anlage. Bei Neuanlagen, Erweiterungen oder bei Instandsetzungen sind Überspannungsschutzmaßnahmen für Energieversorgungsleitungen und für Leitungen der Systeme der Automatisierungstechnik erforderlich. **Bild 1.45 bis Bild 1.49** zeigen beispielhaft, an welchen Stellen Überspannungsschutzmaßnahmen erforderlich sind.

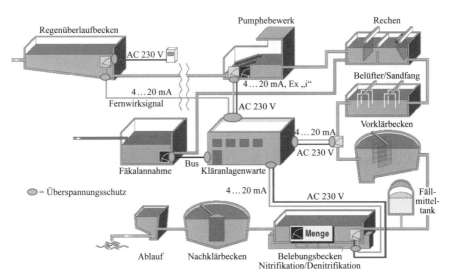

Bild 1.45 Messstellen einer Kläranlage, für die Überspannungsschutz erforderlich ist (siehe [1.30] und [1.31])

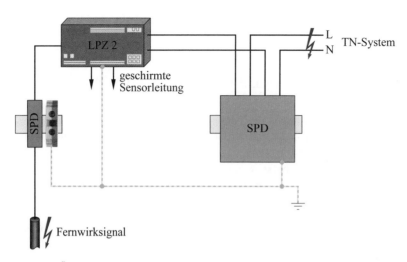

Bild 1.46 Überspannungsschutz – Messstelle für Füllstand und Mengenermittlung (siehe [1.31])

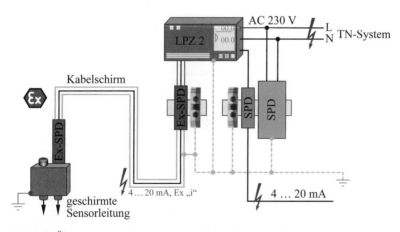

Bild 1.47 Überspannungsschutz – Mengenermittlung im Ex-Bereich (siehe [1.31])

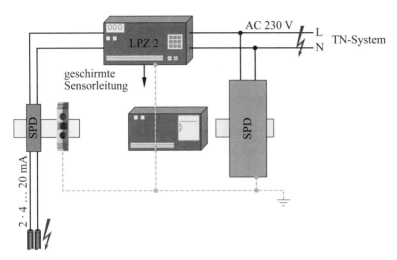

Bild 1.48 Überspannungsschutz – Messstelle für pH-Wert und Temperatur (siehe [1.31])

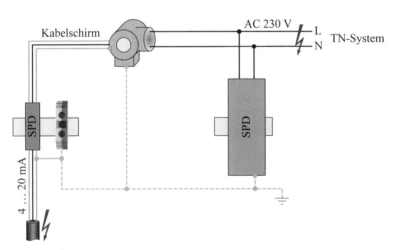

Bild 1.49 Überspannungsschutz – Messstelle für Mengenermittlung (siehe [1.31])

Die Wirksamkeit von Überspannungsschutzmaßnahmen wird maßgeblich von der Anordnung der Schutzgeräte und der nachfolgenden Leitungsführung bestimmt. Eine unsystematische Anordnung von Überspannungsschutzgeräten in einem Schaltschrank kann im Ernstfall die Schutzwirkung reduzieren oder ganz aufhalten (**Bild 1.50**). Auch wenn es aus Platzgründen schwerfällt, sollten Überspannungs-schutzgeräte nahe am Leitungseintritt angeordnet werden (**Bild 1.51**).

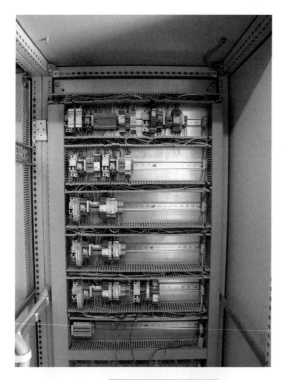

Bild 1.50 Schaltschrank mit unsystematischer Anordnung von Überspannungsschutzgeräten – die Schutzwirkung wird aufgehoben

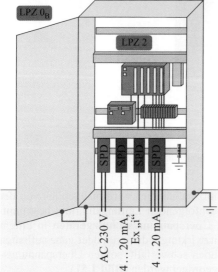

Bild 1.51 Prinzipielle Darstellung der systematischen Anordnung von Überspannungsschutzgeräten

Die nachfolgenden Bilder zeigen beispielhaft Überspannungsschutzmaßnahmen vor Ort an einer Sauerstoffmessstelle (**Bild 1.52** und **Bild 1.53**). Im Außenbereich sollte man die Schutzgeräte so nah wie möglich am zu schützenden Gerät installieren, da nicht immer optimale Installationsbedingungen gegeben sind.

Bild 1.52 Sauerstoffmessung mit Überspannungsschutz

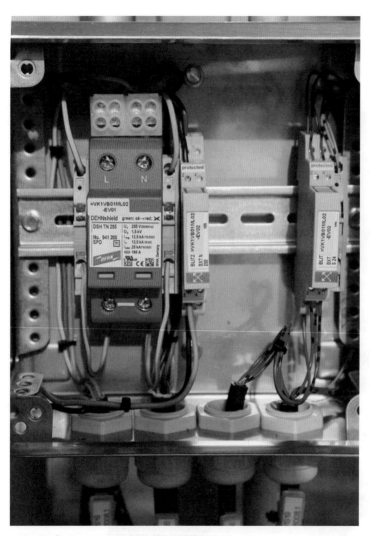

Bild 1.53 Überspannungsschutzmaßnahmen

1.1.8.8 Werkstoffauswahl und Korrosion

Die Wirksamkeit der Schutzmaßnahmen im Kläranlagenbereich hängt wesentlich von der richtigen Werkstoffauswahl ab. Aufgrund der besonderen Umgebungsbedingungen (**Bild 1.54**), die durch die Klärung der Abwässer entstehen, ist der Einsatz korrosionsbeständiger Werkstoffe unerlässlich (**Bild 1.55**).

Bild 1.54 Im Klärbeckenbereich sind korrosionsbeständige Werkstoffe unerlässlich

Bild 1.55 Erdungs- und Potentialausgleichsmaßnahmen mit nicht rostendem Stahl, V4A, Werkstoff-Nr. 1.4571

Gefährdet sind insbesondere Anschluss- und Verbindungsbauteile an Geländern und Laufschienen der Beckenbereiche und im Anlageninneren (**Bild 1.56** und **Bild 1.57**). Erfahrungen in der Praxis haben gezeigt, dass Anschlussbauteile und Verbindungsleitungen aus Aluminium oder verzinktem Stahl in dieser Umgebung keine ausreichende Korrosionsbeständigkeit haben. Untersuchungen haben gezeigt, dass durch die Verwendung von Aluminium und Stahl eine gefährliche Funkenbildung auftreten kann. Dies ist insbesondere in explosionsgefährdeten Bereichen zu vermeiden.

Bild 1.56 Durch Korrosion zerstörter Potentialausgleich zu einer Rohrleitung

Bild 1.57 Durch Korrosion zerstörte Bandrohrschelle

In der Praxis haben sich für Erdungs- und Potentialausgleichsmaßnahmen Werkstoffe aus nicht rostendem Material bewährt. Für die verschiedenen Verbindungs- und Überbrückungsleitungen empfiehlt sich der Einsatz von nicht rostendem Stahlseil (V4A, Werkstoff-Nr. 1.4571) (**Bild 1.58**). Diese müssen einen Mindestquerschnitt von 78 mm² aufweisen (**Bild 1.59**).

Die Anschlussleitungen müssen so installiert werden, dass durch die Verbindungen keine gefährlichen Stolperstellen entstehen. Runddrähte aus nicht rostendem massivem Draht haben sich nicht bewährt, da diese Leitungsmaterialien sehr steif sind und sich nur schwer biegen und anpassen lassen.

Bild 1.58 Potentialausgleichsschiene aus nicht rostendem Stahl,
Material: V4A, Werkstoff-Nr. 1.4571

Bild 1.59 Potentialausgleich mit nicht rostendem Stahlseil 78 mm² und nicht rostenden Klemmen,
Material: V4A, Werkstoff-Nr. 1.4571

Für Betriebsgebäude können für Fang- und Ableitungen Aluminiumdrähte verwendet werden, da die zuvor geschilderte Korrosionsproblematik in diesen Bereichen in der Regel keine besondere Bedeutung hat.

1.1.9 Zusätzliche Informationen für Rohrbrücken in Industrieanlagen

In der aktualisierten Fassung des Beiblatts 2 zu DIN EN 62305-3 (**VDE 0185-305-3**), Abschnitt 21 wurden auch Rohrbrücken in Industrieanlagen berücksichtigt. Mit dieser Entscheidung wird der vielfältigen Diskussion in Fachkreisen Rechnung getragen, die gezeigt hat, dass dieses Thema von Bedeutung ist ([1.36]).

Rohrbrücken in Industrieanlagen, insbesondere in Anlagen der Chemie und der Petrochemie, haben eine zentrale Bedeutung für die Versorgung und erfordern eine hohe Verfügbarkeit. Rohrleitungen und metallene Versorgungsleitungen verbinden unter Umständen sehr weit entfernte Standorte, die im Zusammenhang gesehen ein Produktionssystem ergeben. In den Rohrleitungen können sich die unterschiedlichsten Produkte befinden. Die Rohrleitungen müssen teilweise im Winter durch Rohrbegleitheizungen erwärmt werden, damit auch bei niedrigen Temperaturen ein Transport der Produkte stattfinden kann. Zusätzlich befinden sich auf den Rohrbrücken Trassen für energie- und informationstechnische Leitungen.

Für den Blitzschutz und die Erdung von Rohrbrücken in Industrieanlagen gelten die Anforderungen nach DIN EN 62305-3 (**VDE 0185-305-3**) [1.2]. Zusätzlich können Anforderungen aus den Normenreihen DIN VDE 0100, DIN EN 61936-1 (**VDE 0101-1**) [1.37], DIN EN 50522 (**VDE 0101-2**) [1.38], DIN EN 60079-14 (**VDE 0165-1**) [1.24] und DIN VDE 0800 erforderlich sein. Die technischen Maßnahmen sind, um eine hohe Effektivität des Blitzschutzes zu erreichen, als Blitzschutzsystem zu planen, in dem alle Einzelmaßnahmen aufeinander abgestimmt sind.

Gemäß Beiblatt 2 zu DIN EN 62305-3 (**VDE 0185-305-3**), Abschnitt 21 entspricht ein Blitzschutzsystem, das für Schutzklasse III ausgelegt ist, den normalen Anforderungen für Rohrbrücken. In besonderen Einzelfällen (z. B. bei explosionsgefährdeten Bereichen) ist das Erfordernis zusätzlicher Maßnahmen zu prüfen.

Grundsätzlich kann der Schutz von Rohrbrücken durch folgende Maßnahmen erfolgen:

- *Leitende überragende Teile einer Rohrbrücke (z. B. metallene Rohrsysteme) werden durch Fangeinrichtungen vor direkten Blitzeinschlägen geschützt, wenn durch direkte Blitzeinschläge Ausschmelzungen oder andere gefährliche Situationen auftreten können (siehe **Bild 1.60** und Bild 1.64). Bei direkten Anschlüssen ist die Auswirkung des Blitzteilstroms zu beachten, der über die Rohrbrücke in bauliche Anlagen eingeführt werden kann. Weiterhin sind mögliche zusätzliche Anforderungen, die sich aus der Druckgeräterichtlinie 97/23/EG ergeben können, zu berücksichtigen.*

- *Natürliche Bestandteile einer Rohrbrücke können für den äußeren Blitzschutz genutzt werden, wenn die Anforderungen nach DIN EN 62305-3 (**VDE 0185-305-3**), Abschnitte 5.2.5, 5.3.5 und 5.5 erfüllt werden.*
- *Rohrbrücken sind etwa alle 30 m mit einer Erdungsanlage nach DIN EN 62305-3 (**VDE 0185-305-3**), Abschnitt 5.4 zu erden (**Bild 1.61**). **Bild 1.62** und **Bild 1.63** geben weitere Hinweise zur Erdung von Rohrbrücken.*
- *Stahlkonstruktionen können als Ableitungseinrichtung genutzt werden, wenn die Anforderungen nach DIN EN 62305-3 (**VDE 0185-305-3**), Abschnitte 5.3.5 und E.5.3.5 erfüllt sind (**Bild 1.64** und **Bild 1.65**).*
- *Außen liegende metallene Einrichtungen, wie Feuerlöschleitungen, Flucht- und Außenleitern, werden unter Beachtung von DIN EN 62305-3 (**VDE 0185-305-3**), Abschnitte 5.3.5 und E.5.3.5 mit der Erdungsanlage verbunden, sofern dies nicht konstruktiv gegeben ist.*

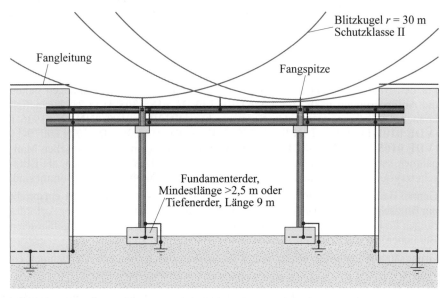

Bild 1.60 Beispiel für den Schutz von Rohrleitungen auf einer Rohrbrücke
(Quelle: Beiblatt 2 zu DIN EN 62305-3 (**VDE 0185-305-3**), Bild 22)

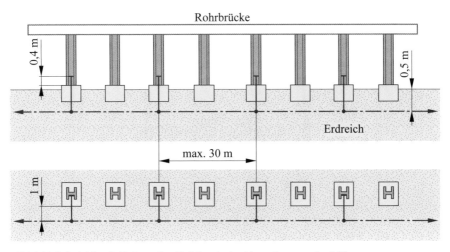

Bild 1.61 Beispiel für die Erdung einer Rohrbrücke im Abstand von maximal 30 m
(Quelle: Beiblatt 2 zu DIN EN 62305-3 (**VDE 0185-305-3**), Bild 23)

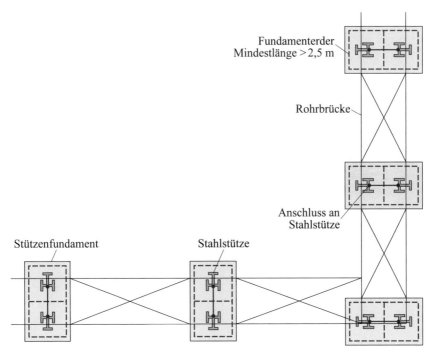

Bild 1.62 Beispiel für die Erdung größerer Fundamente einer Rohrbrückenstütze
(Quelle: Beiblatt 2 zu DIN EN 62305-3 (**VDE 0185-305-3**), Bild 25)

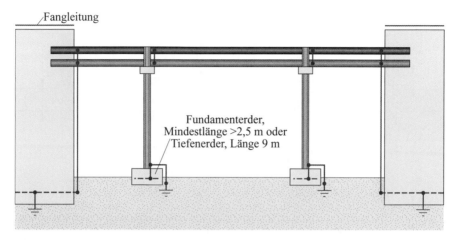

Bild 1.63 Beispiel für die Nutzung einer Stahlkonstruktion als Ableitungseinrichtung (Quelle: Beiblatt 2 zu DIN EN 62305-3 (**VDE 0185-305-3**), Bild 26)

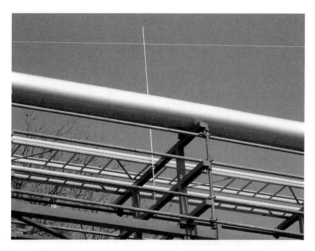

Bild 1.64 Schutz durch eine Fangstange als Fangeinrichtung

Bild 1.65 Erdung der Stahlstütze einer Rohrbrücke

1.2 Literatur

[1.1] DIN EN 62305-3 Beiblatt 2 (**VDE 0185-305-3 Beiblatt 2**):2012-10 Blitzschutz – Teil 3: Schutz von baulichen Anlagen und Personen – Beiblatt 2: Zusätzliche Informationen für besondere bauliche Anlagen. Berlin · Offenbach: VDE VERLAG

[1.2] DIN EN 62305-3 (**VDE 0185-305-3**):2011-10 Blitzschutz – Teil 3: Schutz von baulichen Anlagen und Personen. Berlin · Offenbach: VDE VERLAG

[1.3] **Betriebssicherheitsverordnung (BetrSichV)**. Verordnung über Sicherheit und Gesundheitsschutz bei der Bereitstellung von Arbeitsmitteln und deren Benutzung bei der Arbeit, über Sicherheit beim Betrieb überwachungsbedürftiger Anlagen und über die Organisation des betrieblichen Arbeitsschutzes vom 27. September 2002. BGBl. I 54 (2002) Nr. 70 vom 2.10.2002, S. 3 777–3 816. – ISSN 0341-1095, zuletzt geändert 2011

[1.4] Verordnung zur Neuregelung der Anforderungen an den Arbeitsschutz bei der Verwendung von Arbeitsmitteln und Gefahrstoffen. Bundesministerium für Arbeit und Soziales, Berlin: www.bmas.de/SharedDocs/Downloads/DE/PDF-Gesetze/verordnung-neuregelung-anforderun-arbeitsschutz-verwendung-arbeitsmittel-gefahrstoffe.pdf. – Stand 27.8.2014, abgerufen am 18.10.2014

[1.5] BMAS – Aktuelle Meldungen – Neufassung der Betriebssicherheitsverordnung. Bundesministerium für Arbeit und Soziales, Berlin:
www.bmas.de/DE/Themen/Arbeitsschutz/Meldungen/beschluss-
neufassung-betriebssicherheitsverordnung-bundeskabinett.html. –
abgerufen am 18.10.2014

[1.6] **Gefahrstoffverordnung (GefStoffV)**. Verordnung zum Schutz vor
Gefahrstoffen vom 26 Oktober 1993. BGBl. I 45 (1993) Nr. 57 vom
30.10.1993, S. 1782–1810 (Berichtigung BGBl. I 45 (1993) Nr. 66 vom
17.12.1993, S. 2049). Stand: 15.7.2013 (BGBl. I 65 (2013) Nr. 40 vom
22.7.2014, S. 2514–2534). – ISSN 0341-1095

[1.7] *Dyrba, B.*: Neuerungen der Regelwerke im Explosionsschutz.
11. Fachtagung Explosionsschutz, 23.10.2014 in Nürnberg. Sulzbach: TÜV
Saarland Bildung + Consulting, 2014 (nicht veröffentlicht)

[1.8] *Groß, H.-J.*: Sicherheit durch organisatorische und/oder technische
Maßnahmen. 11. Fachtagung Explosionsschutz, 23.10.2014 in Nürnberg.
Sulzbach: TÜV Saarland Bildung + Consulting, 2014 (nicht veröffentlicht)

[1.9] *Karsten, H.*: Leitlinien zur Betriebssicherheitsverordnung. LASI LV 35,
LASI-Veröffentlichungen Band 35. Länderausschuss für Arbeitsschutz
und Sicherheitstechnik (LASI) (Hrsg.), 3. Aufl. Düsseldorf: LASI, 2008. –
ISBN 978-3-936415-54-4

[1.10] **Arbeitsstättenverordnung (ArbStättV)**.Verordnung über Arbeitsstätten
vom 20. März 1975. BGBl. I 27 (1975) Nr. 32 vom 25.3.1975, S. 729–742.
– ISSN 0341-1095

[1.11] **TRBS 2152 Teil 3** Technische Regeln für Betriebssicherheit – Gefährliche
explosionsfähige Atmosphäre – Vermeidung der Entzündung gefährlicher
explosionsfähiger Atmosphäre. GMBl. 60 (2009) Nr. 77 vom 20.11.2009,
S. 1 583–1 597. – ISSN 0939-4729

[1.12] **TRBS 2152** Technische Regeln für Betriebssicherheit (inhaltsgleich:
Technische Regel für Gefahrstoffe TRGS 720) – Gefährliche explosionsfähige Atmosphäre – Allgemeines. BAnz. 58 (2006) Nr. 103a vom
2.6.2006, S. 4–7. – ISSN 0720-6100

[1.13] DIN EN 62305-2 **(VDE 0185-305-2)**:2013-02 Blitzschutz –
Teil 2: Risiko-Management. Berlin · Offenbach: VDE VERLAG

[1.14] VdS 2010:2010-09 Risikoorientierter Blitz- und Überspannungsschutz –
Unverbindliche Richtlinien zur Schadenverhütung. Köln: VdS Schadenverhütung

[1.15] **TRBS 2152 Teil 2** Technische Regeln für Betriebssicherheit (inhaltsgleich: Technische Regel für Gefahrstoffe TRGS 722) – Vermeidung oder Einschränkung gefährlicher explosionsfähiger Atmosphäre. GMBl. 63 (2012) Nr. 22, S. 398–410. – ISSN 0939-4729

[1.16] *Dyrba, B.*; *Settele, D.*: Praxishandbuch Zoneneinteilung – Einteilung explosionsgefährdeter Bereiche in Zonen. Köln (u. a.): Carl Heymanns Verlag, 2012. – ISBN 978-3-452-27394-9

[1.17] Explosionsschutz BG RCI – Explosionsschutz: Antworten auf häufig gestellte Fragen. Berufsgenossenschaft Rohstoffe und chemische Industrie (BG RCI), Heidelberg: www.bgrci.de/exinfode/ex-schutz-wissen/ expertenwissen/explosionsschutz

[1.18] IEV 426:2008-06 Internationales Elektrotechnisches Wörterbuch – Kapitel 426: Elektrische Betriebsmittel für explosionsgefährdete Bereiche. DKE Deutsche Kommission Elektrotechnik Elektronik Informationstechnik im DIN und VDE (Hrsg.). Frankfurt am Main: DKE. – Onlinedokument unter www.dke.de/dke-iev

[1.19] **Druckgeräteverordnung.** Vierzehnte Verordnung zum Produktsicherheitsgesetz (14. ProdSV[*]) vom 27. September 2002. BGBl. I 54 (2002) Nr. 70 vom 2.10.2002, S. 3 777–3 816. – ISSN 0341-1095

[*] Diese Verordnung dient der Umsetzung der Richtlinie 97/23/EG (Druckgeräterichtlinie) des Europäischen Parlaments und des Rates vom 29. Mai 1997 zur Angleichung der Rechtsvorschriften der Mitgliedstaaten über Druckgeräte (Abl. EG (1997) Nr. L 181, S. 1; Abl. EG (1997) Nr. L 265, S. 110).

[1.20] DIN 18014:2014-03 Fundamenterder – Planung, Ausführung und Dokumentation. Berlin: Beuth

[1.21] *Kern, A.*; *Wettingfeld, J.*: Blitzschutzsysteme 1. VDE-Schriftenreihe 44. Berlin · Offenbach: VDE VERLAG, 2014. – ISBN 978-3-8007-3511-2, ISSN 0506-6719

[1.22] DIN EN 60079-17 (**VDE 0165-10-1**):2014-10 Explosionsgefährdete Bereiche – Teil 17: Prüfung und Instandhaltung elektrischer Anlagen. Berlin · Offenbach: VDE VERLAG

[1.23] DIN EN 60079-10-2 (**VDE 0165-102**):2012-11 Explosionsgefährdete Bereiche – Teil 10-2: Einteilung der Bereiche – Staubexplosionsgefährdete Bereiche. Berlin · Offenbach: VDE VERLAG

[1.24] DIN EN 60079-14 (**VDE 0165-1**):2014-10 Explosionsgefährdete Bereiche – Teil 14: Projektierung, Auswahl und Errichtung elektrischer Anlagen. Berlin · Offenbach: VDE VERLAG

[1.25] LASI LV 35 Änderung. Leitlinien zur Betriebssicherheitsverordnung (BetrSichV); Aktualisierungen vom März 2009, Januar und September 2010 sowie März 2011 zur dritten überarbeiteten Auflage August 2008. Länderausschuss für Arbeitsschutz und Sicherheitstechnik (LASI) (Hrsg.). Düsseldorf: LASI, 2011. – Onlinedokument unter http://lasi.osha.de/docs/ aktualisierung_leitlinien_betrsichv.pdf

[1.26] DIN EN 62305-3 Beiblatt 1 (**VDE 0185-305-3 Beiblatt 1**):2012-10 Blitzschutz – Teil 3: Schutz von baulichen Anlagen und Personen – Beiblatt 1: Zusätzliche Informationen zur Anwendung der DIN EN 62305-3 (VDE 0185-305-3). Berlin · Offenbach: VDE VERLAG

[1.27] Biogasanlage. Wikipedia – Online-Enzyklopädie, abgerufen am 17.10.2014: http://de.wikipedia.org/wiki/Biogasanlage

[1.28] DIN EN 62561-3 (**VDE 0185-561-3**):2013-02 Blitzschutzsystembauteile (LPSC) – Teil 3: Anforderungen an Trennfunkenstrecken. Berlin · Offenbach: VDE VERLAG

[1.29] Blitzstromverhalten von Biogasfolien. Prüfbericht 802a. Neumarkt (Oberpfalz): Dehn + Söhne, 2007 (nicht veröffentlicht)

[1.30] VDB Blitzschutz Montage-Handbuch. Verband Deutscher Blitzschutz-firmen e. V. (VDB) (Hrsg.). Köln: VDB, 2014. – Onlinedokument unter http://blitzschutz.eu/mhb

[1.31] Dehn + Söhne Blitzplaner. Neumarkt (Oberpfalz): Dehn + Söhne, 2013. – ISBN 978-3-9813770-0-2

[1.32] Merkblatt DWA-M 261 – Überspannungsschutz auf Anlagen der Abwasserbehandlung. Deutsche Vereinigung für Wasserwirtschaft, Abwasser und Abfall e. V. (DWA) (Hrsg.). Hennef: DWA, 2011. – ISBN 978-3-941897-80-9

[1.33] Merkblatt DWA-M 213-1 – Planung und Bau der Elektrotechnik auf Anlagen der Abwassertechnik – Teil 1: Allgemeine Planungs- und Baugrundlagen. Deutsche Vereinigung für Wasserwirtschaft, Abwasser und Abfall e. V. (DWA) (Hrsg.). Hennef: DWA, 2007. – ISBN 978-3-940173-27-0

[1.34] DIN EN 62305-3 Beiblatt 3 (**VDE 0185-305-3 Beiblatt 3**):2012-10 Blitzschutz – Teil 3: Schutz von baulichen Anlagen und Personen – Beiblatt 3: Zusätzliche Informationen für die Prüfung und Wartung von Blitzschutzsystemen. Berlin · Offenbach: VDE VERLAG

[1.35] **DGUV Vorschrift 3 (vormals BGV A3)** BG-Vorschrift. Unfallverhütungs-vorschrift. Elektrische Anlagen und Betriebsmittel vom 1. April 1979 in der Fassung vom 1. Januar 1997, mit Durchführungsanweisungen vom Oktober 1996. Aktuelle Nachdruckfassung Januar 2005. Köln: Berufsgenossen-schaft Energie Textil Elektro Medienerzeugnisse, 2005

[1.36] *Wettingfeld, J.*; *Wölk, A.*: Blitzschutz für Rohrbrücken – Informationen und Erläuterungen. S. 149–153 in VDE-Fachbericht 66. Vorträge der 8. VDE/ ABB-Fachtagung vom 29.10.–30.10.2009 in Neu-Ulm. Berlin · Offenbach: VDE VERLAG, 2009. – ISBN 978-3-8007-3197-8, ISSN 0340-4161

[1.37] DIN EN 61936-1 **(VDE 0101-1)**:2014-12 Starkstromanlagen mit Nenn-wechselspannungen über 1 kV – Teil 1: Allgemeine Bestimmungen. Berlin · Offenbach: VDE VERLAG

[1.38] DIN EN 50552 **(VDE 0101-2)**:2011-11 Erdung von Starkstromanlagen mit Nennwechselspannungen über 1 kV. Berlin · Offenbach: VDE VERLAG

1.3 Weiterführende Literatur

[1.39] DIN EN 62305-1 **(VDE 0185-305-1)**:2011-10 Blitzschutz – Teil 1: Allgemeine Grundsätze. Berlin · Offenbach: VDE VERLAG

[1.40] DIN EN 62305-4 **(VDE 0185-305-4)**:2011-10 Blitzschutz – Teil 4: Elektrische und elektronische Systeme in baulichen Anlagen. Berlin · Offenbach: VDE VERLAG

[1.41] DIN EN 62305-3 Beiblatt 4 **(VDE 0185-305-3 Beiblatt 4)**:2008-01 Blitzschutz – Teil 3: Schutz von baulichen Anlagen und Personen – Beiblatt 4: Verwendung von Metalldächern in Blitzschutzsystemen. Berlin · Offenbach: VDE VERLAG

[1.42] DIN EN 62305-3 Beiblatt 5 **(VDE 0185-305-3 Beiblatt 5)**:2014-02 Blitzschutz – Teil 3: Schutz von baulichen Anlagen und Personen – Beiblatt 5: Blitz- und Überspannungsschutz für PV-Stromversorgungs-systeme. Berlin · Offenbach: VDE VERLAG

[1.43] DIN EN 62561-1 **(VDE 0185-561-1)**:2013-02 Blitzschutzsystembauteile (LPSC) – Teil 1: Anforderungen an Verbindungsbauteile. Berlin · Offenbach: VDE VERLAG

[1.44] DIN EN 62561-2 **(VDE 0185-561-2)**:2013-02 Blitzschutzsystembauteile (LPSC) – Teil 2: Anforderungen an Leiter und Erder. Berlin · Offenbach: VDE VERLAG

[1.45] DIN EN 62561-4 (**VDE 0185-561-4**):2012-01 Blitzschutzsystembauteile (LPSC) – Teil 4: Anforderungen an Leitungshalter. Berlin · Offenbach: VDE VERLAG

[1.46] DIN EN 62561-5 (**VDE 0185-561-5**):2012-01 Blitzschutzsystembauteile (LPSC) – Teil 5: Anforderungen an Revisionskästen und Erderdurchführungen. Berlin · Offenbach: VDE VERLAG

[1.47] DIN EN 62561-6 (**VDE 0185-561-6**):2012-03 Blitzschutzsystembauteile (LPSC) – Teil 6: Anforderungen an Blitzzähler. Berlin · Offenbach: VDE VERLAG

[1.48] DIN EN 62561-7 (**VDE 0185-561-7**):2012-08 Blitzschutzsystembauteile (LPSC) – Teil 7: Anforderungen an Mittel zur Verbesserung der Erdung. Berlin · Offenbach: VDE VERLAG

[1.49] DIN VDE 0100-410 (**VDE 0100-410**):2007-06 Errichten von Niederspannungsanlagen – Teil 4-41: Schutzmaßnahmen – Schutz gegen elektrischen Schlag. Berlin · Offenbach: VDE VERLAG

[1.50] DIN VDE 0100-443 (**VDE 0100-443**):2007-06 Errichten von Niederspannungsanlagen – Teil 4-44: Schutzmaßnahmen – Schutz bei Störspannungen und elektromagnetischen Störgrößen – Abschnitt 443: Schutz bei Überspannungen infolge atmosphärischer Einflüsse oder von Schaltvorgängen. Berlin · Offenbach: VDE VERLAG

[1.51] DIN VDE 0100-540 (**VDE 0100-540**):2012-06 Errichten von Niederspannungsanlagen – Teil 5-54: Auswahl und Errichtung elektrischer Betriebsmittel – Erdungsanlagen, Schutzleiter und Schutz-Potentialausgleichsleiter. Berlin · Offenbach: VDE VERLAG

[1.52] DIN EN 61400-24 (**VDE 0127-24**):2011-04 Windenergieanlagen – Teil 24: Blitzschutz. Berlin · Offenbach: VDE VERLAG

[1.53] DIN VDE 0151 (**VDE 0151**):1986-06 Werkstoffe und Mindestmaßnahmen von Erdern bezüglich der Korrosion. Berlin · Offenbach: VDE VERLAG

[1.54] DIN EN 50174-2 (**VDE 0800-174-2**):2015-xx Informationstechnik – Installation von Kommunikationsverkabelung – Teil 2: Installationsplanung und Installationspraktiken in Gebäuden. Berlin · Offenbach: VDE VERLAG

[1.55] DIN EN 50310 (**VDE 0800-2-310**):2011-05 Anwendung von Maßnahmen für Erdung und Potentialausgleich in Gebäuden mit Einrichtungen der Informationstechnik. Berlin · Offenbach: VDE VERLAG

[1.56] DIN EN 60728-11 (**VDE 0855-1**):2011-06 Kabelnetze für Fernsehsignale, Tonsignale und interaktive Dienste – Teil 11: Sicherheitsanforderungen. Berlin · Offenbach: VDE VERLAG

[1.57] DIN VDE 0855-300 (**VDE 0855-300**):2008-08
Funksende-/-empfangssysteme für Senderausgangsleistungen bis 1 kW –
Teil 300: Sicherheitsanforderungen. Berlin · Offenbach: VDE VERLAG

[1.58] DIN VDE 1000-10 (**VDE 1000-10**):2009-01 Anforderungen an die
im Bereich der Elektrotechnik tätigen Personen. Berlin · Offenbach:
VDE VERLAG

[1.59] DIN 18015-1:2013-09 Elektrische Anlagen in Wohngebäude –
Teil 1: Planungsgrundlagen. Berlin: Beuth

[1.60] DIN 820-2:2012-12 Normungsarbeit – Teil 2: Gestaltung von Dokumenten.
Berlin: Beuth

[1.61] DIN EN 1991-1-4:2010-12 Eurocode 1: Einwirkungen auf Tragwerke –
Teil 1-4: Allgemeine Einwirkungen – Windlasten. Berlin: Beuth

[1.62] DIN 4102 (Normenreihe) Brandverhalten von Baustoffen und Bauteilen,
Teile 1 bis 23. Berlin: Beuth

[1.63] DIN EN 13501-1:2010-01 Klassifizierung von Bauprodukten und Bauarten
zu ihrem Brandverhalten – Teil 1: Klassifizierung mit den Ergebnissen aus
der Prüfung zum Brandverhalten von Bauprodukten. Berlin: Beuth

[1.64] DIN EN 13830:2003-11 Vorhangfassaden – Produktnorm. Berlin: Beuth

[1.65] DIN EN 61643-11 (**VDE 0675-6-11**):2013-04 Überspannungsschutzgeräte
für Niederspannung – Teil 11: Überspannungsschutzgeräte für den
Einsatz in Niederspannungsanlagen – Anforderungen und Prüfungen.
Berlin · Offenbach: VDE VERLAG

[1.66] **Störfall-Verordnung (StöV)**. Zwölfte Verordnung zur Durchführung des
Bundes-Immissionsschutzgesetzes (12. BImSchV[*]) vom 26. April 2000,
Neufassung vom 8. Juni 2005. BGBl. I 57 (2005) Nr. 33 vom 16.6.2005,
S. 1 598–1 620. – ISSN 0341-1095
[*] Diese Verordnung dient der Umsetzung der Richtlinie 2003/105/EG des Europäischen
Parlaments und des Rates vom 16. Dezember 2003 zur Änderung der Richtlinie
96/82/EG (Seveso-II-Richtlinie, ABl. EU (2003) Nr. L 345, S. 97) sowie der Richtlinie
96/82/EG des Rates vom 9. Dezember 1996 zur Beherrschung der Gefahren bei
schweren Unfällen mit gefährlichen Stoffen (ABl. EG (1997) Nr. L 10, S. 13).

[1.67] **Produktsicherheitsgesetz**. Gesetz über die Neuordnung des Geräte- und
Produktsicherheitsrechts (ProdSG) vom 8. November 2011. BGBl. I 63
(2011) Nr. 57, S. 2 178–2208, Berichtigung BGBl. I 64 (2012) Nr. 6 vom
8.2.2012, S. 131. – ISSN 0341-1095

[1.68] **TRBS 1001**. Technische Regeln für Betriebssicherheit – Struktur
und Anwendung der Technischen Regeln für Betriebssicherheit vom
15. September 2006. BAnz. 58 (2006) Nr. 232a vom 9.12.2006, S. 5–6. –
ISSN 0720-6100

[1.69] **TRBS 1111**. Technische Regeln für Betriebssicherheit – Gefährdungsbeurteilung und sicherheitstechnische Bewertung vom 15. September 2006.
BAnz. 58 (2006) Nr. 232a vom 9.12.2006, S. 7–10. – ISSN 0720-6100

[1.70] **TRBS 1112 Teil 1**. Technische Regeln für Betriebssicherheit – Explosions-
gefährdungen bei und durch Instandhaltungsarbeiten – Beurteilung und
Schutzmaßnahmen. GMBl. 61 (2010) Nr. 29 vom 12.5.2010, S. 615–619.
– ISSN 0939-4729

[1.71] **TRBS 1201 Teil 1**. Technische Regeln für Betriebssicherheit – Prüfung
von Anlagen in explosionsgefährdeten Bereichen und Überprüfung von
Arbeitsplätzen in explosionsgefährdeten Bereichen vom 15. September
2006. BAnz. 58 (2006) Nr. 232a vom 9.12.2006, S. 20–26. –
ISSN 0720-6100

[1.72] **TRBS 1203**. Technische Regeln für Betriebssicherheit – Befähigte
Personen vom 17. März 2010. GMBl. 61 (2010) Nr. 29 vom 12.5.2010,
S. 627–642. – ISSN 0939-4729 – zuletzt geändert durch Bekanntmachung
des BMAS vom 17.2.2012 – IIIb 3 – 35650. GMBl. 63 (2012) Nr. 21,
S. 386–387. – ISSN 0939-4729

[1.73] **TRBS 2153**. Technische Regeln für Betriebssicherheit – Vermeidung von
Zündgefahren infolge elektrostatischer Aufladungen. GMBl. 60 (2009)
Nr. 15/16 vom 9.4.2009, S. 278–326. – ISSN 0939-4729

[1.74] *Koch, W.*: Erdungen in Wechselstromanlagen über 1 kV. Berlin (u. a.):
Springer, 1961

[1.75] *Fendrich, L.; Fengler, W.*: Handbuch Eisenbahninfrastruktur.
Berlin · Heidelberg: Springer Vieweg, 2013. – ISBN 978-3-642-30020-2

[1.76] *Budde, Ch.*: Überarbeitung der EN 50122: Bahnanwendungen –
Ortsfeste Anlagen – Elektrische Sicherheit, Erdung und Rückstromführung.
BahnPraxis E Zeitschrift für Elektrofachkräfte zur Förderung der Betriebs-
und Arbeitssicherheit bei der Deutschen Bahn AG 14 (2011) H. 2, S. 3

[1.77] *Gonzalez, D.; Berger, F.; Vockeroth, D.*: Durchgang von Blitzströmen bei
Weichlotverbindungen. S. 76–81 in VDE-Fachbericht 68. Vorträge der
9. VDE/ABB-Blitzschutztagung vom 27.10.–28.10.2011 in Neu-Ulm.
Berlin · Offenbach: VDE VERLAG, 2011. – ISBN 978-3-8007-3380-4,
ISSN 0340-4161

[1.78] *Rock, M.; Gonzalez, D.; Noack, F.*: Blitzschutz bei Metalldächern. Kurzvortrag und Diskussion auf der 24. Sitzung des Technischen Ausschusses ABB
am 23.5.2003. Ilmenau: TU Ilmenau, 2003 (nicht veröffentlicht)

[1.79] VFF-Merkblatt FA.01:2009-09 Potentialausgleich und Blitzschutz
von Vorhangfassaden. Frankfurt am Main: Verband der Fenster- und
Fassadenhersteller

[1.80] Beton.org – Wissen – Beton & Bautechnik – Weiße Wannen – Wasser-undurchlässige Bauwerke aus Beton. BetonMarketing Deutschland GmbH, Erkrath: www.beton.org/druck/fachinformationen/betonbautechnik/weisse-wanne

[1.81] Bauen auf Glas. TECHNOpor Glasschaum-Granulat. TECHNOpor Handels GmbH, Krems an der Donau/Österreich: www.technopor.com/service/downloads-all/finish/6-prospekte-folder/8-technopor-schaumglasschotter-folder-allgemein

[1.82] Beton.org – Wissen – Beton & Bautechnik – Stahlfaserbeton. BetonMarketing Deutschland GmbH, Erkrath: www.beton.org/wissen/beton-bautechnik/stahlfaserbeton

[1.83] Walzbeton. Wikipedia – Online-Enzyklopädie, abgerufen am 18.10.2014: http://de.wikipedia.org/wiki/Walzbeton

[1.84] Pfahlgründung. Wikipedia – Online-Enzyklopädie, abgerufen am 18.10.2014: http://de.wikipedia.org/wiki/Pfahlgründung

[1.85] Baunetz Wissen – Beton – Pfahlgründung. Baunetz – Onlinelexikon des Architekturmagazins BauNetz: www.baunetzwissen.de/standardartikel/Beton_Pfahlgruendung_151064.html

[1.86] Fundament (Bauwesen). Wikipedia – Online-Enzyklopädie, abgerufen am 18.10.2014: http://de.wikipedia.org/wiki/Fundament_(Bauwesen)

[1.87] **Energieeinsparverordnung.** Verordnung über energiesparenden Wärmeschutz und energiesparende Anlagentechnik bei Gebäuden – Zweite Verordnung zur Änderung der Energieeinsparverordnung (EnEV 2014) vom 18. November 2013. BGBl I 65 (2013) Nr. 67 vom 21.11.2013, S. 3951–3990. – ISSN 0341-1095

[1.88] *Freimann, Th.*: Regelungen und Empfehlungen für wasserundurchlässige (WU-)Bauwerke aus Beton. Beton-Informationen (2005) H. 3/4, S. 55–72. – ISSN 0170-9283

[1.89] Explosionsschutz nach ATEX, Grundlagen und Begriffe. Firmenschrift. Weil am Rhein: Endress + Hauser Messtechnik, 2007. – Best.-Nr. CP021Zde

[1.90] DIN 18195 (Normenreihe) Bauwerksabdichtungen, Teile 1 bis 10. Berlin: Beuth

[1.91] DIN EN 206:2014-07 Beton – Teil 1: Festlegung, Eigenschaften, Herstellung und Konformität. Berlin: Beuth

[1.92] DIN 1045-2:2008-08 Tragwerke aus Beton, Stahlbeton – Teil 2: Beton – Festlegung, Eigenschaften, Herstellung und Konformität – Anwendungs-regeln zur DIN EN 206-1. Berlin: Beuth

[1.93] Betontechnische Daten, HeidelbergCement (Hrsg.), Ausgabe 2014. –
Onlinedokument unter http://beton-technische-daten.de

[1.94] *Brauner, G.*; *Pacher, W.*; *Pigler, F.*: Blitzschutz durch Metalldächer. e&i
Elektrotechnik und Informationstechnik 121 (2004) H. 7/8, S. a15–a22. –
ISSN 0932-383X

[1.95] *Meppelink, J.*: ABB Workshop am 17.11.2000. Frankfurt am Main:
VDE, 2000 (nicht veröffentlicht)

[1.96] *Wettingfeld, J.*: Planung von Fangeinrichtungen für bauliche Anlagen
mit explosionsgefährdeten Bereichen, Abschnitt 6.1.3, in: VDB
Blitzschutz Montage-Handbuch. Verband Deutscher Blitzschutzfirmen
e. V. (VDB) (Hrsg.). Köln: VDB, 2014. – Onlinedokument unter
http://blitzschutz.eu/mhb

2 Erläuterungen zu DIN EN 62305-3 (VDE 0185-305-3) Beiblatt 3: Zusätzliche Informationen für die Prüfung und Wartung von Blitzschutzsystemen

2.1 Allgemeines

Die dauerhafte Funktion eines Blitzschutzsystems muss durch regelmäßige Prüfungen und Wartungen sichergestellt werden. Dies gilt in besonderem Maße für bauliche Anlagen, für die der Gesetzgeber Blitzschutzmaßnahmen als Maßnahme des vorbeugenden Brandschutzes fordert. Die Schutzfunktion muss daher sicher und dauerhaft durch eine regelmäßige Prüfung und Wartung zur Verfügung stehen.

Diese Anforderungen werden in der DIN EN 62305-3 (**VDE 0185-305-3**) [2.1] im Abschnitt 7 und Abschnitt E. 7 näher beschrieben. Das zuständige DKE-Komitee K 251 hält es für erforderlich, dass zusätzliche Informationen zu berücksichtigen sind. Aus diesem Grund wurde das Beiblatt 3 zu DIN EN 62305-3 (**VDE 0185-305-3**) [2.2] erarbeitet, das neben allen normativen Vorgaben auch zusätzliche Informationen zum Thema Prüfung und Wartung von Blitzschutzsystemen enthält. In den nachfolgenden Ausführungen wird ausschließlich auf Beiblatt 3 zu DIN EN 62305-3 (**VDE 0185-305-3**) eingegangen.

Das Beiblatt 3 zu DIN EN 62305-3 (**VDE 0185-305-3**) beschreibt, wie ein Blitzschutzsystem zu prüfen und in welchen Abständen die Prüfung durchzuführen ist. Es enthält darüber hinaus Angaben, welche Mindestinformationen eine ordnungsgemäße Dokumentation enthalten muss. Die Anforderungen an die zeichnerische Darstellung von Blitzschutzsystemen sind ebenfalls Bestandteil von Beiblatt 3 zu DIN EN 62305-3 (**VDE 0185-305-3**).

Bild 2.1 Fundamenterder und Erdungsfestpunkt vor dem Betonieren

Grundsätzlich findet die erste Prüfung mit der Fertigstellung eines Blitzschutzsystems statt. Bei besonderen Projekten kann darüber hinaus auch eine baubegleitende Prüfung erforderlich sein, z. B. wenn wichtige Teile des Blitzschutzsystems, wie der Fundamenterder, später nicht mehr zugänglich sind (**Bild 2.1**).

Werden bei der Prüfung eines Blitzschutzsystems Mängel festgestellt, dann trägt der Betreiber bzw. der Eigentümer der baulichen Anlage die Verantwortung dafür, dass die Mängel ohne Verzögerung behoben werden.

2.2   Hinweise zum Bestandsschutz

Der Begriff Bestandsschutz ist verfassungsrechtlich mit der Eigentumsgarantie des Artikels 14 GG verknüpft und stellt sicher, dass ein Recht nicht entschädigungslos entzogen werden darf. Damit soll der rechtliche Schutz einer baulichen Anlage gegenüber nachträglichen Anforderungen sichergestellt sein.

Auf den Bereich Blitzschutz heruntergebrochen soll dies an nachfolgendem Beispiel verdeutlicht werden: Das Blitzschutzsystem einer baulichen Anlage wurde vor 1980 errichtet und mangelfrei abgenommen. Nach damaligem Standard betrugen die Maschenweite 20 m × 20 m und der Abstand der Ableitungen 20 m. Heute müssen Blitzschutzsysteme dagegen einer Schutzklasse zugeordnet werden. Ergibt sich durch eine Risikoabschätzung die Schutzklasse III, dann sind nach heutiger Norm eine Maschenweite von 15 m × 15 m und ein typischer Abstand der Ableitungen von 15 m zu berücksichtigen. Hieraus kann sich dann die Frage ergeben: Muss das Blitzschutzsystem nachgerüstet werden oder nicht? Wird die Eigentumsgarantie des Grundgesetzes eingehalten?

In diesem Zusammenhang ist es wichtig, auf folgenden Punkt hinzuweisen: Durch die Prüfung soll die Schutzfunktion des Blitzschutzsystems gegenüber direkten und indirekten Blitzeinwirkungen für Leben, Inventar, technische Ausrüstung der baulichen Anlage, Betriebstechnik und Sicherheitseinrichtungen sowie für die bauliche Anlage selbst in Verbindung mit nachfolgenden Instandhaltungsmaßnahmen gewährleistet werden.

Vor Beginn einer Prüfung kann es daher sinnvoll sein, Fragen eines möglichen Bestandsschutzes für ein Blitzschutzsystem zu klären.

Im Beiblatt 3 zu DIN EN 62305-3 (**VDE 0185-305-3**) werden Kriterien aufgeführt, die in diesem Zusammenhang gemeinsam mit dem Betreiber oder dem Eigentümer der baulichen Anlage geklärt werden sollten und wie folgt beschrieben werden:

- Bestandsschutz hat ein Blitzschutzsystem, wenn es die zum Zeitpunkt der Errichtung geltenden Normen erfüllt.

- Der Bestandsschutz entfällt, sobald vorschriftswidrige Änderungen am Blitzschutzsystem vorgenommen werden oder äußere Bedingungen sich verändern.

Die Prüfung dieser Kriterien kann mit der in **Bild 2.2** gezeigten Entscheidungshilfe beurteilt werden.

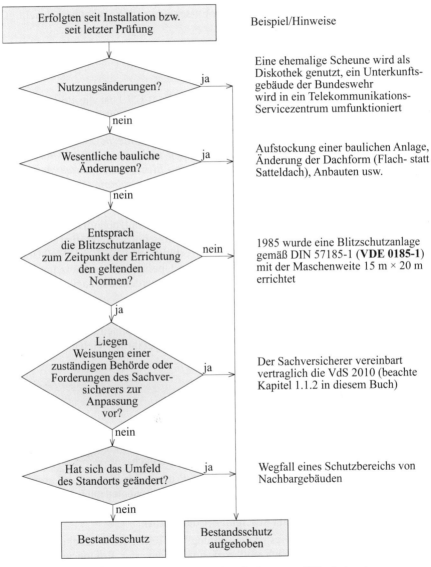

Bild 2.2 Entscheidungshilfe zur Beurteilung des Bestandsschutzes von Blitzschutzsystemen (Quelle: Beiblatt 3 zu DIN EN 62305-3 (**VDE 0185-305-3**), Bild 1)

Ein Blitzschutzsystem für bauliche Anlagen, das der Betriebssicherheitsverordnung unterliegt, muss in einem ordnungsgemäßen Zustand betrieben werden. Ergeben sich Erkenntnisse, die eine Änderung oder Nachrüstung am Blitzschutzsystem erforderlich machen, dann sind diese in Abstimmung mit dem Betreiber umzusetzen. Aus diesem Grund wird dieses Kriterium in der Entscheidungshilfe nicht berücksichtigt.

2.3   Qualifikation des Prüfers

Nach DIN EN 62305-3 (**VDE 0185-305-3**), Abschnitt E.7.1 ist die Prüfung eines Blitzschutzsystems von einer Blitzschutz-Fachkraft durchzuführen.

Für den Bereich Prüfung sind Kenntnisse über physikalische Zusammenhänge, Einsatz der unterschiedlichen Planungsmethoden und anzuwendende normative Berechnungsverfahren, Installationsrichtlinien von Blitzschutzbauteilen und Überspannungs-Schutzgeräten, allgemeine bautechnische Erfordernisse und Montagetechniken erforderlich.

Die Prüfung des äußeren Blitzschutzes und des Blitzschutzpotentialausgleichs zu nicht aktiven metallenen Installationen kann von Blitzschutz-Fachkräften ausgeführt werden, die die zuvor genannten Anforderungen erfüllen. Weitergehende Maßnahmen des Blitzschutzpotentialausgleichs, die auch den Überspannungsschutz umfassen, dürfen nur von Blitzschutz-Fachkräften ausgeführt werden, die zugleich Elektrofachkräfte nach DIN VDE 1000-10 [2.3] sind.

Die Sachkunde eines Prüfers ist nach Erfordernis durch entsprechende Schulungen nachzuweisen. Besondere Qualifikationsanforderungen können sich z. B. für besondere bauliche Anlagen, beispielsweise explosionsgefährdete Gebäude, ergeben.

2.4   Arten der Prüfung

Die nach Beiblatt 3 zu DIN EN 62305-3 (**VDE 0185-305-3**) genannten Prüfungsarten stellen eine Qualitätskontrolle dar, die ein Blitzschutzsystem von der Planung bis nach der Fertigstellung begleitet. Unterschieden wird nach:

Prüfung der Planung: Hierunter versteht man Prüfung der Planung des gesamten Blitzschutzsystems und die Nutzung der einzelnen Komponenten unter Berücksichtigung der geltenden Normen und Vorschriften. Diese Prüfung ist vor der Ausführung der Leistungen durchzuführen (Abschnitt 4.1 der Norm).

Baubegleitende Prüfung: Dies ist die Prüfung von Teilen des Blitzschutzsystems, die später nicht mehr zugänglich sind, z. B. Fundamenterder, Erdungsanlagen, Bewehrungsanschlüsse, Schirmungsmaßnahmen für den inneren Blitzschutz, für den Blitzschutz genutzte leitende Teile im Beton und Verbindungsstellen. Diese Teile des Blitzschutzsystems sind zu prüfen, solange dies möglich ist. Die baubegleitende Prüfung umfasst die Kontrolle der technischen Unterlagen und das Besichtigen (Abschnitt 4.1 und 4.2 der Norm).

Abnahmeprüfung (Prüfung nach der Fertigstellung): Hierunter versteht man eine vollständige Prüfung. Das Blitzschutzsystem ist auf Einhaltung der normengerechten Schutzkonzeption (Planung) sowie hinsichtlich der handwerklichen Ausführung (fachtechnische Richtigkeit) unter Berücksichtigung der Nutzungsart, der technischen Ausrüstung der baulichen Anlage und der Standortbedingungen zu prüfen. Die Abnahmeprüfung umfasst alle nach Abschnitt 4.1 bis 4.3 der Norm beschriebenen Maßnahmen.

Wiederholungsprüfung (umfassende Prüfung): Nach der Abnahmeprüfung ist das Blitzschutzsystem in regelmäßigen Zeitabständen auf ordnungsgemäßen Zustand zu prüfen. Die Wiederholungsprüfung umfasst alle nach Abschnitt 4.1 bis 4.3 der Norm beschriebenen Maßnahmen. Regelmäßige Wiederholungsprüfungen sind die Voraussetzung für die dauernde Wirksamkeit eines Blitzschutzsystems.

Zusatzprüfung: Unabhängig von den Wiederholungsprüfungen ist ein Blitzschutzsystem zu prüfen, wenn wesentliche Nutzungsänderungen, Änderungen der baulichen Anlage, Ergänzungen, Erweiterungen oder Reparaturen an einer geschützten baulichen Anlage durchgeführt wurden. Dies gilt auch nach jedem bekannt gewordenen Blitzeinschlag in das Blitzschutzsystem. Der Umfang der Zusatzprüfung richtet sich nach den Erfordernissen und kann alle Prüfmaßnahmen der Abschnitte 4.1 bis 4.3 der Norm umfassen.

Sichtprüfung: Blitzschutzsysteme von baulichen Anlagen mit erhöhter Schutzbedürftigkeit (Blitzschutzklasse I und II) und kritische Bereiche von Blitzschutzsystemen, z. B. bei wesentlicher Beeinflussung durch eine aggressive Umgebung, werden zwischen den Wiederholungsprüfungen einer Sichtprüfung unterzogen.

2.5   Zeitabstand für Wiederholungsprüfungen

Die Zeitabstände für Wiederholungsprüfungen ergeben sich aus **Tabelle 2.1** (Tabelle E.2 der DIN 62305-3 (**VDE 0185-305-3**)).
Die angegebenen Zeitabstände in Tabelle 2.1 gelten, wenn keine Gesetze der zuständigen Behörde vorliegen. Bestehen behördliche Auflagen oder Verordnungen mit Prüffristen, so gelten diese als Mindestanforderungen (z. B. länderspezifische bauordnungsrechtliche Prüffristen – LBO –, technische Regelwerke, Arbeitsschutzbestimmungen, Anforderungen der Sachversicherer).
Eine umfassende Überprüfung sollte alle zwei bis vier Jahre durchgeführt werden. Die maximalen Zeitabstände zwischen Wiederholungsprüfungen in explosionsgefährdeten Bereichen sind in der Betriebssicherheitsverordnung festgeschrieben. Gemäß § 15 BetrSichV [2.4] müssen bei Anlagen in explosionsgefährdeten Bereichen im

Schutzklasse	Sichtprüfung (Jahr)	Umfassende Prüfung (Jahr)	Umfassende Prüfung bei kritischen Situationen [a), b)] (Jahr)
I und II	1	2	1
III und IV	2	4	1

[a)] Blitzschutzanlagen für explosionsgefährdete bauliche Anlagen sollten alle sechs Monate einer Sichtprüfung unterzogen werden. Die messtechnische Prüfung der Installation sollte einmal im Jahr ausgeführt werden. Um Erkenntnisse der jahreszeitlichen Schwankungen zu erhalten, ist es zulässig im Zyklus von 14 oder 15 Monaten zu messen, um so den Erdübergangswiderstand zu verschiedenen Zeitpunkten im Jahr zu ermitteln.

[b)] Kritische Situationen könnten sich auf bauliche Anlagen beziehen, die störempfindliche Systeme beinhalten, oder auf Bürogebäude, Geschäftshäuser oder Plätze, auf denen sich eine größere Anzahl von Personen aufhalten kann.

Tabelle 2.1 Größter Zeitabstand zwischen Prüfungen eines Blitzschutzsystems
(Quelle: DIN EN 62305-3 (**VDE 0185-305-3**), Tabelle E.2)

Sinne des § 1 Abs. 2 Satz 1 Nr. 3 Prüfungen im Betrieb spätestens alle drei Jahre durchgeführt werden.

Danach hat der Betreiber die Prüffristen der Gesamtanlage und der Anlagenteile auf der Grundlage einer sicherheitstechnischen Bewertung zu ermitteln. In einigen Gebieten, in denen starke Wetteränderungen auftreten und extreme Witterungsbedingungen herrschen, wird empfohlen, das System häufiger einer Sichtprüfung zu unterziehen, als in Tabelle 2.1 angegeben. Ist das Blitzschutzsystem Teil eines vom Kunden geplanten Instandhaltungsprogramms oder gibt es eine Forderung des Gebäudeversicherers, dann kann das Blitzschutzsystem auch einmal umfassend geprüft werden.

Kritische Bereiche von Blitzschutzsystemen, z. B. Teile, die starken mechanischen Beanspruchungen ausgesetzt sind (z. B. Dehnungsstücke siehe **Bild 2.3**, flexible Überbrückungen und Befestigungen siehe **Bild 2.4**) oder Teile des Blitzschutzsystems, die starken Korrosionsbedingungen unterliegen (z. B. durch saure Böden, chemische Umweltbeeinflussungen siehe **Bild 2.5** und **Bild 2.6**), sollen jährlich umfassend geprüft werden.

Bild 2.3 Defektes Dehnungsstück

Bild 2.4 Unzulässige Verwendung einer Verbindungsklemme im Erdreich, durch Korrosion zerstört

Bild 2.5 Stahldraht 8 mm durch Rauchgase im Querschnitt stark reduziert

Bild 2.6 Erdleitung durch Korrosion im Querschnitt reduziert

2.6   Anwendung der Messverfahren

Im Beiblatt 3 zu DIN EN 62305-3 (**VDE 0185-305-3**) werden grundsätzlich zwei Messaufgaben aufgeführt:

a) Messung der Durchgängigkeit der Verbindungen,

b) Messungen zur Beurteilung des Zustands der Erdungsanlage.

Bei a) wird gemessen, ob alle Verbindungen und Anschlüsse von Fangeinrichtungen, Ableitungen, Potentialausgleichsleitungen, Schirmungsmaßnahmen usw., soweit nicht durch Besichtigen feststellbar, einen niederohmigen Durchgang haben (Richtwert < 1 Ω).

Für die Beurteilung der Erdungsanlage nach b) sind folgende Messaufgaben durch-zuführen:

• Messung des Durchgangswiderstands der Erdungsanlage an allen Messstellen zur Feststellung der Durchgängigkeit der Leitungen und Verbindungen (Richtwert < 1 Ω). Jeder einzelne Erder wird an der Prüfstelle zwischen der Ableitung und dem getrennten Erder gemessen (Einzelmessung); nach den Messverfahren 1 oder 2 (**Bild 2.7 bis Bild 2.9** oder **Bild 2.10** und **Bild 2.11**).

• Messung des Durchgangswiderstands zu metallenen Installationen (Gas, Wasser, Heizung, Lüftung usw., Richtwert < 1 Ω) nach den Messverfahren 1 oder 2,

• Messung des Gesamterdungswiderstands der Erdungsanlage (Richtwert < 10 Ω) nach Messverfahren 3 (**Bild 2.12**),

• Messung des Erdungswiderstands von Einzel- und Teilringerdern nach Mess-verfahren 3,

• Messung des spezifischen Bodenwiderstands nach Messverfahren 4 (**Bild 2.13**).

Die Messergebnisse werden mit früheren Ergebnissen verglichen. Wenn sich her-ausstellt, dass die Messwerte von früheren Werten wesentlich abweichen, werden zusätzliche Untersuchungen durchgeführt, um den Grund für die Abweichung zu ermitteln.

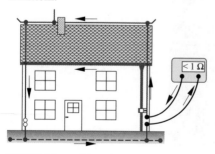

Bild 2.7 Messverfahren 1a

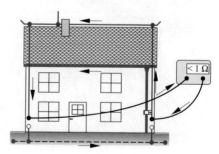

Bild 2.8 Messverfahren 1b

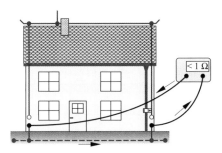

Bild 2.9 Messverfahren 1c

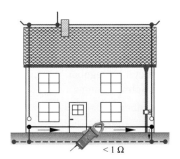

Bild 2.10 Messverfahren 2a

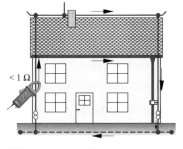

Bild 2.11 Messverfahren 2b

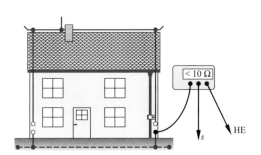

Bild 2.12 Messverfahren 3

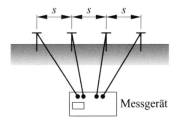

$\rho_E = 2\pi \cdot s \cdot R$ in Ωm,
R = gemessener Widerstand in Ω,
s = Sondenabstand in m

Bild 2.13 Messverfahren 4

Die Anwendung der Messverfahren kann **Tabelle 2.2** entnommen werden. In dieser Tabelle werden den Messverfahren Bilder und Messgeräte zugeordnet.

Mess- verfahren	Bild (im Buch)	Messgerät	Durchgängig- keitsmessung	Ausbreitungs- widerstand	Spezifischer Bodenwiderstand
1a, b, c	Bild 2.7 Bild 2.8 Bild 2.9	Erdungsmessgerät	×		
2 a, b	Bild 2.10 Bild 2.11	Zangenmessgerät	×		
3	Bild 2.12	Erdungsmessgerät		×	
4	Bild 2.13	Erdungsmessgerät			×

Tabelle 2.2 Anwendung der Messverfahren
(Quelle: Beiblatt 3 zu DIN EN 62305-3 (**VDE 0185-305-3**), Tabelle 2)

Ein nach Messverfahren 3 gegen Sonde und Hilfserder gemessener Erdungswiderstand gibt an, wie gut eine Erdungsanlage den Strom in das Erdreich übertragen und verteilen kann. Dieser Widerstand wird auch häufig als Ausbreitungswiderstand bezeichnet und hängt von den Abmessungen des Erders bzw. der Erdungsanlage und dem spezifischen Bodenwiderstand ρ_E ab, der in Ohmmeter angegeben wird. Der spezifische Bodenwiderstand unterliegt jahreszeitlichen Schwankungen.

Folgende Faktoren beeinflussen u. a. den Ausbreitungswiderstand:

• die Eingrabtiefe des Erders (**Bild 2.14**),

• die Länge des Erders (**Bild 2.15**),

• der spezifische Bodenwiderstand (**Bild 2.16**).

In der Praxis variiert der Ausbreitungswiderstand in Abhängigkeit von unterschiedlichen Bodenverhältnissen und Jahreszeiten deutlich.

Beispiel 1:
Eine intakte Erdungsanlage kann in sandigem Gebiet einen Widerstand von 16 Ω aufweisen und in Ackerboden mit großer Feuchtigkeit 2 Ω.

Beispiel 2:
Eine intakte Erdungsanlage kann im Februar einen Ausbreitungswiderstand von z. B. 4 Ω und im August von 6 Ω haben.

Wird für Messungen an Blitzschutzerdungsanlagen die Messmethode 3 angewendet, dann ist beim Messaufbau die Anordnung von Sonde und Hilfserder zu beachten (**Bild 2.17**).

Der Messaufbau sollte so vorgenommen werden, dass zu prüfender Erder, Sonde und Hilfserder möglichst auf einer Geraden liegen. Der Abstand der Sonde vom zu prüfenden Erder sollte mind. das 2,5-Fache der größten Erderausdehnung (in Messrichtung gesehen) betragen, jedoch nicht weniger als 20 m; der Abstand des Hilfserders mind. das Vierfache, jedoch nicht weniger als 40 m. Die Frequenz der verwendeten Wechselspannung sollte 150 Hz nicht überschreiten.

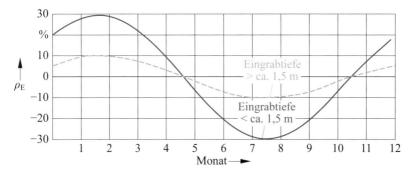

Bild 2.14 Abhängigkeit des spezifischen Bodenwiderstands ρ_E von der Jahreszeit (ohne Beeinflussung durch Niederschläge)

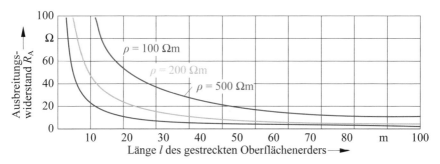

Bild 2.15 Auswirkung der Länge l des gestreckten Oberflächenerders in Meter auf den Ausbreitungswiderstand

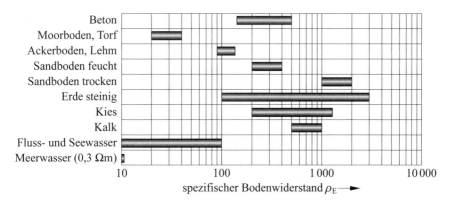

Bild 2.16 Spezifischer Bodenwiderstand ρ_E in Abhängigkeit von der Beschaffenheit des Erdreichs

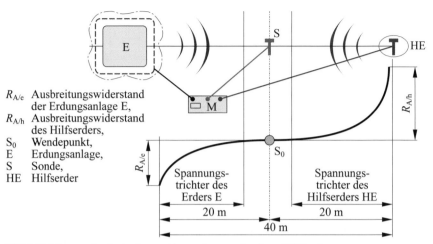

$R_{A/e}$ Ausbreitungswiderstand der Erdungsanlage E,
$R_{A/h}$ Ausbreitungswiderstand des Hilfserders,
S_0 Wendepunkt,
E   Erdungsanlage,
S   Sonde,
HE   Hilfserder

Bild 2.17 Messung des Ausbreitungswiderstands gegen Sonde und Hilfserder

Die Vorgaben zur Anordnung von Sonde und Hilfserder lassen sich in dicht bebauten Gebieten häufig nicht realisieren. Bei der Anordnung von Sonde und Hilfserder müssen daher Kompromisse eingegangen werden, die eine genaue Bestimmung des Ausbreitungswiderstands erschweren. Die gemessenen Ausbreitungswiderstände können je nach Anordnung von Sonde und Hilfserder zu hoch oder zu niedrig ausfallen. Maßgeblich sind die unterschiedlichen Spannungstrichter der zu prüfenden Erdungsanlage und von Sonde und Hilfserder. Befindet sich die Sonde deutlich im Bereich des Spannungstrichters, der durch die zu prüfende Erdungsanlage gebildet wird, sind die gemessenen Ausbreitungswiderstände zu niedrig (**Bild 2.18**). Umgekehrt, wenn die Sonde zu nahe am Hilfserder angeordnet wird, sind die gemessenen Ausbreitungswiderstände zu hoch (**Bild 2.19**).

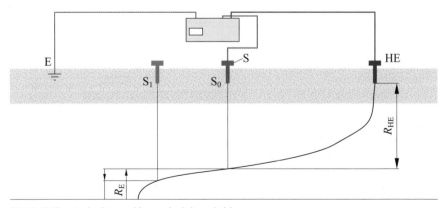

Bild 2.18 Der Ausbreitungswiderstand wird zu niedrig gemessen

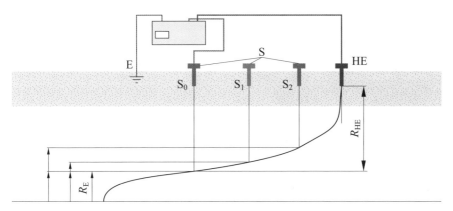

Bild 2.19 Der Ausbreitungswiderstand wird zu hoch gemessen

Nachfolgende Messanordnung verdeutlicht die Auswirkungen der unterschiedlichen Anordnung von Sonde und Hilfserder (**Bild 2.20 bis Bild 2.22**).

Bild 2.20 Abstand zwischen Sonde und Hilfserder 20 m, Abstand zur Erdungsanlage 20 m, Ausbreitungswiderstand 0,18 Ω

Bild 2.21 Abstand zwischen Sonde und Hilfserder 8 m, Abstand zur Erdungsanlage 20 m, Ausbreitungswiderstand 0,95 Ω

Bild 2.22 Abstand zwischen Sonde und Hilfserder 4 m, Abstand zur Erdungsanlage 20 m, Ausbreitungswiderstand 6,43 Ω

In der Regel kann der Ausbreitungswiderstand nicht mit einer Erdungsmesszange gemessen werden. Mit der Erdungsmesszange werden Widerstandsschleifen in Blitzschutz- und Potentialausgleichsanlagen gemessen.

Nachfolgendes Beispiel soll die zuvor gemachten Aussagen an verschiedenen Messungen verdeutlichen: Zwei Tiefenerder, Länge je 3 m, wurden in 15 m Abstand in das Erdreich getrieben. Folgende Widerstandswerte wurden für die unterschiedlichen Messanordnungen ermittelt (**Bild 2.23**):

Messbeispiele:
a) Messung Erder 1 gegen Sonde und Hilfserder = 19,8 Ωm (richtiger Wert),
b) Messung Erder 2 gegen Sonde und Hilfserder = 31,3 Ωm (richtiger Wert),
c) Messung der Parallelschaltung gegen Sonde und Hilfserder = 12,74 Ωm (richtiger Wert), siehe **Bild 2.24**
d) Messung der Parallelschaltung mit der Erdungsmessbrücke als Schleifenwiderstand = 51,2 Ω (falscher Wert), siehe **Bild 2.25**
e) Messung der Parallelschaltung mit der Messzange = 34,8 Ω (falscher Wert), siehe **Bild 2.26**

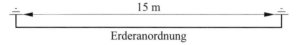

15 m

Erderanordnung

Bild 2.23 Erderanordnung für Messbeispiele

Für die Funktion eines Blitzschutzsystems spielt die Messung des Schleifenwiderstands von Erdungsleitungen, Ableitungen und Fangleitungen eine wichtige Rolle. Zu hohe Kontaktwiderstände in Verbindungsstellen, Unterbrechungen oder zu geringe Leiterquerschnitte können im Falle eines Blitzeinschlags die Funktionsfähigkeit des Blitzschutzsystems negativ beeinflussen oder zu großen Schäden führen.

Hohe Messwerte müssen allerdings nicht zwangsläufig auf defekte Leitungen im Erdreich oder im Fang- und Ableitungssystem hinweisen (**Bild 2.27**). Ursachen für hohe Messwerte können z. B. verschmutzte Trennstellen sein (**Bild 2.28**).

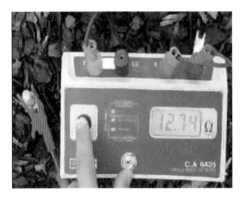

Bild 2.24 Messung c (siehe Bild 2.26): 12,74 Ω

Bild 2.25 Messung d (siehe Bild 2.23): 51,2 Ω

Bild 2.26 Messung e (siehe Bild 2.23): 34,8 Ω

Bild 2.27 Welche Ursache hat der hohe Widerstandswert von 205 Ω? Ist die Ableitung oder die Erdung nicht in Ordnung?

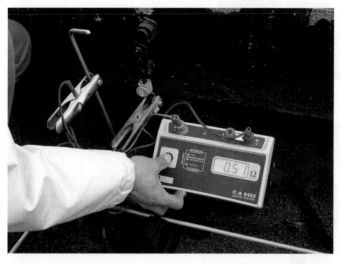

Bild 2.28 Ursache für den hohen Widerstandswert sind Übergangswiderstände der Trennstelle

Zu hohe Messwerte können auch bei Attikablechen, Metallfassaden oder bei geerdeten Regenfallrohren auftreten. Wenn die normativen Anforderungen für natürliche Fang- und Ableitungseinrichtungen erfüllt sind, dann müssen zu hohe Widerstandswerte keinen Mangel darstellen (**Bild 2.29 bis Bild 2.31**). Die Ursache für einen hohen Widerstandswert ist zu ermitteln und im Prüfprotokoll zu dokumentieren.

Bild 2.29 Messung zwischen zwei Anschlüssen an Attikablechen

Bild 2.30 Messung zwischen zwei verdeckt verlegten Ablcitungen

Bild 2.31 Attikableche, die nicht miteinander verbunden sind

2.7   Prüfungsmaßnahmen

Gemäß Norm ist der Zweck der Prüfung sicherzustellen, dass das LPS in jeder Hinsicht der vorliegenden Norm entspricht. Die Prüfung umfasst daher die Überprüfung der technischen Dokumentation, Sichtprüfungen, Messungen und Protokollierung in einem Prüfbericht.

2.7.1   Prüfablaufplan

Um eine systematische Vorgehensweise bei der Prüfung von Blitzschutzsystemen sicherzustellen, wird im Beiblatt 3 zu DIN EN 62305-3 (**VDE 0185-305-3**) die Anwendung des nachstehenden Ablaufplans empfohlen (**Bild 2.32 bis Bild 2.34**).

Die Prüfung eines Blitzschutzsystems erfolgt generell nach den aktuellen Normen. Weisen Blitzschutzsysteme älterer baulicher Anlagen, für die Bestandsschutz gilt, Abweichungen von den aktuellen Normen auf, dann werden diese als Hinweise für den Betreiber der baulichen Anlage dokumentiert. Der Betreiber der baulichen Anlage ist in der Regel kein Fachmann für Blitzschutz. Da die Blitzschutzmaßnahmen jedoch sicherheitstechnische Bedeutung haben, insbesondere unter dem Gesichtspunkt des Brandschutzes und der Verfügbarkeit der technischen Infrastruktur, benötigt der Betreiber Informationen, ob sich der Stand der Erkenntnisse verändert hat und ob sich durch eine Anpassung für seine bauliche Anlage Verbesserungen ergeben könnten.

2.7.2   Kontrolle der technischen Unterlagen

Vor Beginn der Prüfung sind Dokumentationsunterlagen zu begutachten (siehe Bild 2.32). Es gilt dabei, nicht nur die Unterlagen formal auf ihre Vollständigkeit hin zu überprüfen. Der Prüfer erhält bei dieser Überprüfung erste Informationen über bauliche Besonderheiten, Planungsgrundlagen und Ausführungsdetails des Blitzschutzsystems. Dies ist nicht nur wichtig, wenn der Prüfer das Blitzschutzsystem einer baulichen Anlage zum ersten Mal prüft. Auch bei Wiederholungsprüfungen kann der Prüfer durch Prüfung der Dokumentationsunterlagen schnell feststellen, ob sich relevante Änderungen (z. B. neue Dachaufbauten) ergeben haben.

Grundsätzlich sollte sich der Prüfer vor Beginn der Prüfung erkundigen, ob sich für die bauliche Anlage eine Nutzungsänderung ergeben hat. Vielen Betreibern ist häufig nicht bewusst, welche Konsequenzen sich aus einer Nutzungsänderung ergeben können (z. B. bei geänderten Ex-Zonen oder zusätzlichen gebäudeüberschreitenden Verkabelungen).

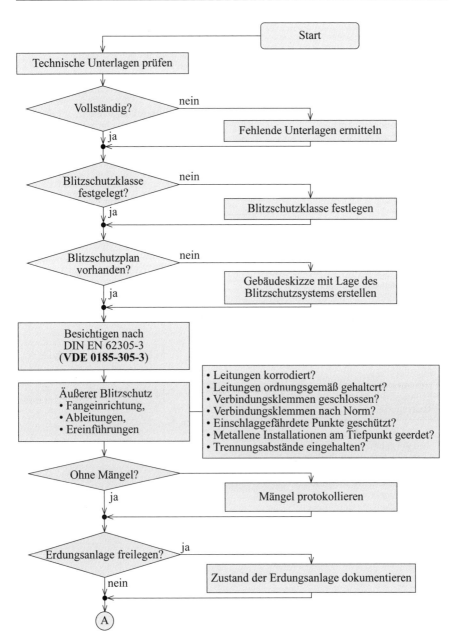

Bild 2.32 Ablaufplan zur Durchführung einer Prüfung (Teil 1)
(Quelle: Beiblatt 3 zu DIN EN 62305-3 (**VDE 0185-305-3**), Bild 2a)

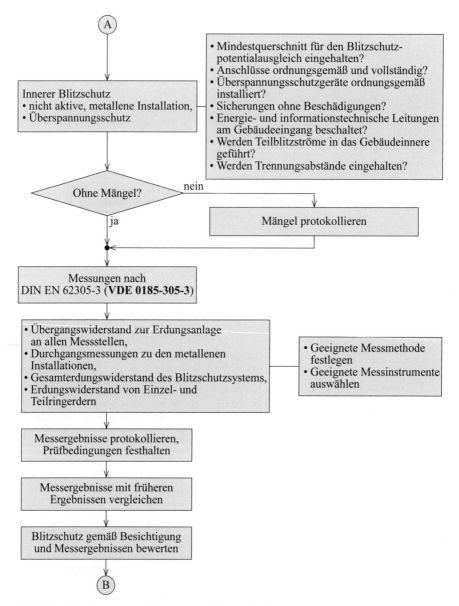

Bild 2.33 Ablaufplan zur Durchführung einer Prüfung (Teil 2)
(Quelle: Beiblatt 3 zu DIN EN 62305-3 (**VDE 0185-305-3**), Bild 2b)

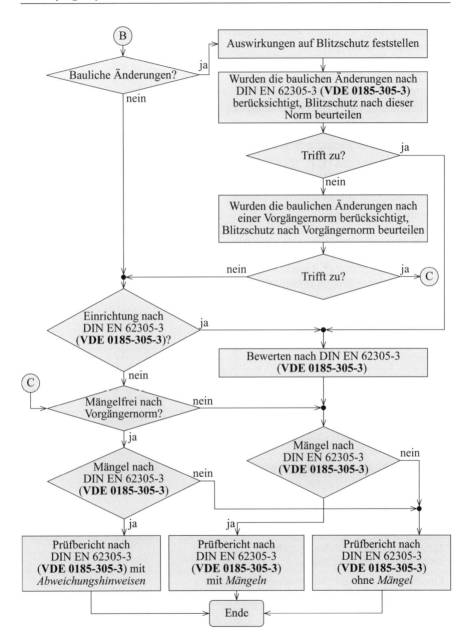

Bild 2.34 Ablaufplan zur Durchführung einer Prüfung (Teil 3)
(Quelle: Beiblatt 3 zu DIN EN 62305-3 (**VDE 0185-305-3**), Bild 2c)

Bei der Prüfung der Dokumentationsunterlagen sind folgende Schwerpunkte von besonderer Bedeutung:

- Angaben zur Planung,
- Angaben zur Schutzklasse,
- Überprüfung der Ausführungszeichnung,
- Angaben zum Trennungsabstand,
- Lage der Überspannungsschutzgeräte,
- Einbauanleitungen (z. B. für Überspannungsschutzgeräte oder hochspannungsfeste isolierte Kabel),
- Angaben zum Blitzschutzzonenkonzept,
- bauliche Änderungen.

2.7.2.1 Hinweise für Angaben zum Blitzschutzsystem

Immer wieder „glänzen" Angaben in einem Prüfbericht mit einem unvollständigen oder nicht aussagefähigen Informationsgehalt. Die nachfolgenden Bilder (**Bild 2.35** und **Bild 2.36**) verdeutlichen die Problematik.

2 Angaben zur baulichen Anlage	
Standort	
Nutzung	Dienstgebäude
Bauart	Mauerwerk
Art der Dacheindeckung	Spitzdächer / Ziegel
Blitzschutzklasse	

Bild 2.35 Auszug aus einem Prüfbericht Teil 1

4 Grundlagen der Prüfung	
Vorhandene Dokumentation	—
Blitzschutznormen und -bestimmungen zum Zeitpunkt der Errichtung	
Gegebenenfalls weitere Prüfgrundlagen zum Zeitpunkt der Errichtung	
Art der Dacheindeckung	
5 Art der Prüfung	Wiederholungsprüfung

Bild 2.36 Auszug aus einem Prüfbericht Teil 2

Wie die Angaben in einem Prüfbericht aussehen können, zeigen nachstehend **Bild 2.37** **bis Bild 2.40**.

Fangeinrichtungen	
Werkstoff	Aluminiumdraht 8 mm, AlSiMg, massiv
Maschenweite	≤ 15 m × 15 m
Planungsmethode	Maschenverfahren
Dachaufbauten	Dachaufbauten werden durch teilisolierte Fangeinrichtungen (Fangstangen, Höhe 1,5 m, mit Betonsockel 17 kg und Unterlegplatte zum Schutz der Dachoberfläche) geschützt.
natürliche Fangeinrichtungen	Die metallenen Dachabschlussprofile wurden im Bereich der Ableitungen angeschlossen, die Attikableche wurden überbrückt.
Sonstiges	Zum Schutz der Attikableche vor Ausschmelzungen durch direkte Blitzeinschläge wurden Fangspitzen montiert.

Bild 2.37 Beispiel für Angaben zu den Fangeinrichtungen

Ableitungseinrichtungen	
Werkstoff	Aluminiumdraht 8 mm, AlSiMg, massiv
Ausführung	Verlegung direkt auf dem Mauerwerk, teilweise hinter der Fassade, Abstand der Ableitungen < 15 m
Zahl der Ableitungen	22
Sonstiges	

Bild 2.38 Beispiel für Angaben zu den Ableitungseinrichtungen

Erdungsanlage	
Werkstoff Erdungsanlage	Flachband 30 mm × 3,5 mm verzinkt
Werkstoff der Anschluss-fahne/Erdeinführungen	Stahl verzinkt rund 16 mm
Art der Erdungsanlage	Erderanordnung Typ B, Fundamenterder, Maschenweite 20 m × 20 m
Sonstiges	Die Erdungsanlage wurde mit dem Nachbargebäude verbunden.

Bild 2.39 Beispiel für Angaben zur Erdungsanlage

Blitzschutzpotentialausgleich

nicht aktive metallene Installationen	Wasserleitung/Gas/Elektro/Heizung wurden im Technikraum in den Potentialausgleich einbezogen.
	Die Führungsschienen der Aufzugsanlage wurden am Tiefpunkt mit dem Fundamenterder verbunden.
Überspannungsschutz-maßnahmen	In der NSHV wurde ein Blitzstromkombiableiter (SPD Typ 1), Schutzpegel 1,5 kV, Fabrikat XYZ installiert.
	Die Versorgungsleitungen der Außenbeleuchtung wurden am Gebäudeeintritt über zweipolige Blitzstromkombiableiter (SPD Typ 1), Schutzpegel 1,5 kV, Fabrikat XYZ in den Blitzschutzpotentialausgleich einbezogen.
	In die Unterverteilungen A, B und C wurden Überspannungsschutz-geräte (SPD Typ 2) Fabrikat XYZ installiert.
	Das Breitbandkabel und die Telefonleitung wurden am Gebäudeeintritt (Raum AA) mittels Überspannungsschutzgeräte Fabrikat XYZ in den Blitzschutzpotentialausgleich einbezogen.

Bild 2.40 Beispiel für Angaben zum Blitzschutzpotentialausgleich

2.7.2.2 Angaben zur Festlegung der Schutzklasse

Gemäß DIN EN 62305-3 (**VDE 0185-305-3**) muss vor der Planung eines Blitzschutz-systems eine Schutzklasse festgelegt werden. Die Festlegung der Schutzklasse erfolgt nach DIN EN 62305-2 (**VDE 0185-305-2**) [2.5]. Neben der normativen Festlegung der Schutzklasse müssen auch gesetzliche Vorgaben berücksichtigt werden. In der Praxis hat sich hierfür auch die VdS 2010 [2.6] bewährt, die eine Übersicht gesetz-licher Vorgaben und eine mögliche Zuordnung der Schutzklasse enthält, basierend auf den Erfahrungen der Sachversicherer.

Für Blitzschutzsysteme, die vor Erscheinen der DIN EN 62305-3 (**VDE 0185-305-3**) errichtet wurden, existieren in der Regel keine Festlegungen der Blitzschutzklasse. Aus diesem Grund wird im Beiblatt 3 zu DIN EN 62305-3 (**VDE 0185-305-3**), Abschnitt 3 ausgeführt:

Altanlagen sind sinngemäß einer Blitzschutzklasse zuzuordnen bzw. es sind die Prüf-fristen aus den länderspezifischen oder sonstigen Prüfbestimmungen zu entnehmen (z. B. Baurichtlinien, technische Regelwerke, Verordnungen und Arbeitsschutzbe-stimmungen).

Bei Blitzschutzsystemen, für die keine behördlichen Vorgaben bestehen, sollte die sinngemäße Zuordnung einer Blitzschutzklasse immer mit dem Betreiber der bau-lichen Anlage abgestimmt werden. Dies gilt auch, wenn für die Ermittlung einer Blitzschutzklasse eine Risikoabschätzung nach DIN EN 62305-2 (**VDE 0185-305-2**) durchgeführt wurde. In die Risikoabschätzung können auch wirtschaftliche Bewer-tungen einfließen, die für das zu akzeptierende Risiko von Bedeutung sind. Der Er-richter sollte seine Risikoabschätzung daher immer mit dem Betreiber der baulichen

Schutzklasse	
Schutzklasse gemäß Abnahmebericht	Die Blitzschutzanlage wurde vor 1980 errichtet.
Schutzklasse für Altanlagen	III nach VdS 2010, Tabelle 3, Schule
Hinweis	Gemäß Beiblatt 3 zu DIN EN 62305-3 (**VDE 0185-305-3**), Abschnitt 3, sind Altanlagen sinngemäß einer Blitzschutzklasse zuzuordnen. Die aufgeführte Schutzklasseneinteilung entspricht den Empfehlungen der VdS-Richtlinie 2010, Tabelle 3, für Schulgebäude. Eine genaue Bestimmung kann mittels einer Risikoabschätzung nach DIN EN 62305-2 (**VDE 0185-305-2**) erfolgen.

Bild 2.41 Beispiel für Angaben zur Schutzklasse

Anlage gemeinsam erstellen und von ihm freigeben lassen. Beispiel für die Angabe der Schutzklasse in einem Prüfbericht siehe **Bild 2.41**.

2.7.3 Besichtigen

2.7.3.1 Allgemeines

Gemäß Ablaufplan des Beiblatts 3 zu DIN EN 62305-3 (**VDE 0185-305-3**) ist der zweite Schritt einer Prüfung die Besichtigung des Blitzschutzsystems (siehe Bild 2.32). Die Besichtigung ist in erster Linie die Ermittlung des Istzustands des Blitzschutzsystems. Eine Bewertung oder die Frage nach einem möglichen Bestands-schutz stellt sich zu diesem Zeitpunkt noch nicht. Der Prüfer sollte sich in erster Linie nur darauf konzentrieren, alle Fakten zu ermitteln, damit er später eine hinreichende Bewertung des Blitzschutzsystems vornehmen kann.

2.7.3.2 Normative Vorgaben

Aus den Inhalten des Beiblatts 3 zu DIN EN 62305-3 (**VDE 0185-305-3**), Ab-schnitt 4.2 ergibt sich ein Fragenkatalog, der vorgibt, welche Informationen der Prüfer über den Istzustand eines Blitzschutzsystems ermitteln muss.

Durch Besichtigen ist zu prüfen, ob

• das Gesamtsystem mit den technischen Unterlagen übereinstimmt,

• sich das Gesamtsystem des Äußeren und Inneren Blitzschutzes in einem ord-nungsgemäßen Zustand befindet,

• lose Verbindungen und Unterbrechungen der Leitungen des Blitzschutzsystems vorhanden sind,

• Teile des Systems infolge von Korrosion deutlich geschwächt sind, besonders in Höhe der Erdoberfläche,

- Erdungsanschlüsse (soweit sichtbar) in Ordnung sind,
- Leitungen und Systembauteile ordnungsgemäß befestigt sind und Teile, die eine mechanische Schutzfunktion haben, funktionstüchtig sind,
- Änderungen an der geschützten baulichen Anlage vorgenommen wurden, die zusätzliche Schutzmaßnahmen erfordern,
- die in energie- und informationstechnischen Netzen eingebauten Überspannungsschutzgeräte richtig eingebaut sind,
- Beschädigungen oder Auslösungen von Überspannungsschutzgeräten vorliegen,
- vorgeschaltete Sicherungen von Überspannungsschutzgeräten unterbrochen sind,
- für neue Versorgungsanschlüsse oder Ergänzungen, die im Innern der baulichen Anlage seit der letzten Prüfung eingebaut wurden, ein lückenloser Blitzschutzpotentialausgleich ausgeführt wurde,
- Potentialausgleichsverbindungen innerhalb der baulichen Anlage, ggf. auch in höheren Ebenen, vorhanden und intakt sind,
- die erforderlichen Maßnahmen bei Näherungen des Blitzschutzsystems zu Installationen durchgeführt wurden.

Bei bestehenden Erdungsanlagen, die älter als zehn Jahre sind, können Zustand und Beschaffenheit der Erdleitung und deren Verbindungen nur durch stellenweise Freilegung beurteilt werden.

2.7.3.3 Hinweise zur Besichtigung

Erfahrungen aus der Praxis haben gezeigt, dass bei der Besichtigung eines Blitzschutzsystems nachfolgende Punkte beachtet werden müssen:

- Sind alle einschlaggefährdeten Bereiche einer baulichen Anlage ausreichend gegen direkten Blitzeinschlag geschützt?
- Sind Ausschmelzungen an natürlichen Fangeinrichtungen möglich und zulässig?
- Sind die Fangeinrichtungen, Fangstangen, Ableitungen und Erdeinführungen ordnungsgemäß befestigt?
- Entspricht das Material der Fangeinrichtungen, Ableitungen und Erdeinführungen den örtlichen Umgebungsanforderungen?
- Sind Anschlüsse an metallenen Installationen ordnungsgemäß ausgeführt?
- Sind Dachleitungshalter gegen Verschieben gesichert?
- Wurde der Dehnungsausgleich bei Fangleitungen ausreichend berücksichtigt?
- Können Teilblitzströme in das Innere der baulichen Anlage eingeführt werden?
- Sind Regenfallrohre, Metallfassaden und Stahlkonstruktionen usw. am Tiefpunkt geerdet?

Die Aufzählung erhebt keinen Anspruch auf Vollständigkeit. Bei diesen Punkten können dann nachfolgende Mängel auftreten:

- Fangstangen oder Fangspitzen stehen schief, sodass der erforderliche Schutzbereich nicht mehr gegeben ist (**Bild 2.42**),
- defekte Befestigung von Ableitungen (**Bild 2.43**),
- Anschlüsse sind abgerissen oder abgebrochen (**Bild 2.44**),
- Attikableche sind nicht leitend überbrückt,
- Dachaufbauten sind über Funkenstrecken mit dem Blitzschutzsystem verbunden,
- Dachaufbauten sind direkt angeschlossen,
- fehlerhafter Schutz von Dachaufbauten durch Fangstangen (**Bild 2.45** und **Bild 2.46**),
- Elektroleitungen wurden an Blitzschutzeinrichtungen befestigt,
- die Kunststoffumhüllung von Beton-Dachleitungshaltern ist aufgeplatzt (**Bild 2.47**),
- Dehnungsausgleichsstücke sind zerfasert (**Bild 2.48**),
- Anschlüsse und Fangleitungen im Kaminbereich sind korrodiert,
- Anschlüsse und Dehnungsausgleich wurden nicht ordnungsgemäß ausgeführt (**Bild 2.49** und **Bild 2.50**),
- Dachdurchführungen sind beschädigt,
- Fangleitungen wurden bei Arbeiten am Dach beschädigt (**Bild 2.51**),
- Überspannungsschutzgeräte sind defekt (**Bild 2.52**),
- Überspannungsschutzgeräte wurden falsch eingebaut (**Bild 2.53**),
- Erdungsleitungen sind im Querschnitt unzulässig verringert,
- Verbindungsstellen im Erdreich sind nicht ausreichend gegen Korrosion geschützt,
- Keilverbinder dürfen nicht im Erdreich verwendet werden (**Bild 2.54**),
- isolierte Halterungen für Fangstangen müssen ordnungsgemäß erfolgen (**Bild 2.55**),
- Fangeinrichtungen dürfen nicht gefährlich angeordnet werden (**Bild 2.56**),
- hochspannungsfeste isolierte Leitungen müssen die Installationsvorschriften einhalten (**Bild 2.57 bis Bild 2.59**),
- Anschlüsse und Verbindungen müssen die Umgebungsbedingungen durch die richtige Materialauswahl berücksichtigen (**Bild 2.60** und **Bild 2.61**).

Bild 2.42 Fehlerhafte Montage von Fangspitzen

Bild 2.43 Durch Korrosion abgerostete Leitungshalter

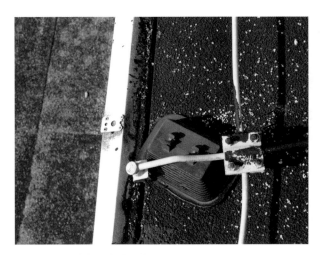

Bild 2.44 Anschluss abgebrochen

Bild 2.45 Fehlerhafter Schutz durch Fangstangen

Bild 2.46 Fehlerhafter Schutz ohne Berücksichtigung des erforderlichen Trennungsabstands

Bild 2.47 Defekter Dachleitungshalter

Bild 2.48 Dehnungsband durch Witterungseinflüsse zerfasert

Bild 2.49 Fangleitung mit unzureichendem Dehnungsausgleich

Bild 2.50 Fehlerhafter Anschluss

Bild 2.51 Leitung nicht ordnungsgemäß gehaltert

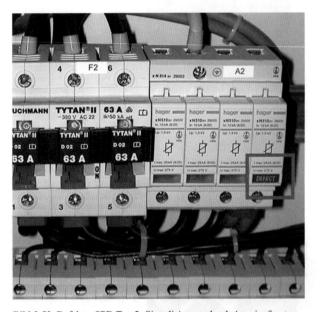

Bild 2.52 Defekter SPD Typ 2, Signalisierung durch Anzeigefenster

Bild 2.53 Unzulässige Brücke zwischen N- und PE-Leiter (neben weiteren Fehlern)

Bild 2.54 Unzulässige Installation von Keilverbindern im Erdreich – festgestellt durch Freilegung der Erdungsanlage

Bild 2.55 Unzulässige Befestigung eines Isolierstützers für eine getrennte Fangstange

Bild 2.56 Gefährliche Anordnung einer Fangstange auf einer Attikabrüstung

Bild 2.57 Unzulässige Installation einer hochspannungsfesten isolierten Leitung

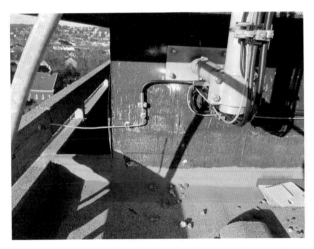

Bild 2.58 Fehlerhafte Installation einer hochspannungsfesten isolierten Leitung (zu enge Biegeradien, keine Beachtung der Vorgaben für den Bereich Endverschluss)

Bild 2.59 Fehlerhafte Installation einer hochspannungsfesten isolierten Leitung (keine Beachtung der Vorgaben für den Bereich Endverschluss)

Bild 2.60 Nicht funktionstüchtiger Potentialausgleich durch stark korrosive Atmosphäre

Bild 2.61 Nicht funktionstüchtiger Potentialausgleich durch stark korrosive Atmosphäre

2.7.3.4 Zusätzliche Informationen zur Besichtigung von Überspannungsschutzmaßnahmen

Der Prüfer muss bei der Besichtigung von Überspannungsschutzmaßnahmen mit folgenden Punkten vertraut sein:

- Qualifikation als Elektrofachkraft,
- Netzform des energietechnischen Netzes,
- Überstromschutzeinrichtungen (z. B. Sicherungen),
- Installation von Überspannungsschutzgeräten,
- typische Fehler,
- Einbauanleitungen der Hersteller.

Nachfolgende Fragen sind darüber hinaus zu beachten:

- Wurde das Schutzgerät richtig ausgewählt?
- Wenn SPDs von verschiedenen Herstellern eingesetzt werden, ist die energetische Koordination gegeben?

Nachfolgende Beispiele (**Bild 2.62 bis Bild 2.68**) zeigen, dass im Zusammenhang mit der Prüfung von Überspannungsschutzgeräten viele Punkte beachtet werden müssen, die auch die elektrische Sicherheit betreffen.

Bild 2.62 Überspannungsschutz vor einer Brandmeldezentrale – die ungeordnete Installation hebt die Schutzwirkung der Überspannungsschutzgeräte auf

Bild 2.63 Überspannungsableiter SPD Typ 2 mit 200 A fehlerhaft abgesichert – maximal erlaubte Vorsicherung gemäß Einbauanleitung ist 125 A

Bild 2.64 Schaltanlage, SPD Typ 1 abgesichert mit 25 A – das Schmelzintegral der Sicherung wurde nicht berücksichtigt, ein explosionsartiges Bersten der Sicherungen ist möglich und kann hierdurch einen Kurzschluss verursachen

Bild 2.65 Fehlerhafte Montage, bei der Entfernung der Abdeckplatte verursachte die Erdungsbrücke am Lasttrenner (80 A) einen Kurzschluss

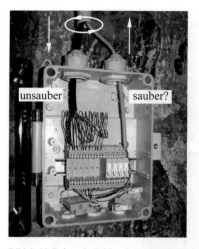

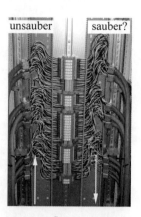

Bild 2.66 Folgende Fehler sind erkennbar:
a) die Erdung der Überspannungsschutzgeräte fehlt,
b) unsaubere und saubere Leitungsseite sind durch die Parallelführung gekoppelt

Bild 2.67 Überspannungsschutzgeräte im Ex-Bereich

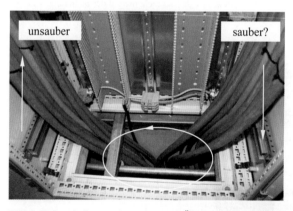

Bild 2.68 Durch die gemeinsam genutzte Öffnung im Schrankboden sind unsaubere und saubere Leitungsseite wieder miteinander gekoppelt, sodass die Schutzwirkung reduziert wird

2.7.4 Messen

Nach den Schritten Prüfung der Dokumentation und Besichtigung sind als dritter Schritt die erforderlichen Messungen auszuführen.

Der Prüfer muss sich vor der Ausführung dieser Messungen Gedanken über die richtige Messmethode und die richtigen Messgeräte machen. Wenn hohe Widerstände gemessen werden, reicht es nicht aus, nur die Höhe der Widerstände zu dokumentieren. Der Betreiber einer baulichen Anlage hat einen Anspruch darauf, dass der Prüfer die Ursachen für hohe Widerstandswerte ermittelt.

Aber auch niedrige Messwerte müssen nicht unbedingt dafür sprechen, dass das Blitzschutzsystem in Ordnung ist. Zu Recht weist die Norm darauf hin, dass das Ausmaß der Korrosionswirkung im Bereich der Erdungsanlage nur durch Probegrabungen (Freilegen der Erder) festgestellt werden kann. Neben den elektrischen Messinstrumenten ist daher der Spaten ein wichtiges Hilfsmittel für die Beurteilung von Erdungsanlagen.

Die Messergebnisse sind mit früheren Ergebnissen zu vergleichen. Wenn sich herausstellt, dass die Messwerte von früheren Werten wesentlich abweichen, sind zusätzliche Untersuchungen durchzuführen, um den Grund für die Abweichung zu ermitteln.

Beispiel für die Angabe von Messwerten in einem Prüfbericht siehe **Bild 2.69**.

Messergebnisse			
Nr.	Widerstand Erdung in Ω	Widerstand Ableitung in Ω	Bemerkungen
	8,9		Gesamtausbreitungswiderstand ohne PEN-Leiter
	1,4		Gesamtausbreitungswiderstand mit PEN-Leiter
	1,0		Dachtrennstelle – Ost-Flügel
	134,0	2,3	**Direkte Ableitung – Ost-Flügel**
	25,1		Tiefpunkterdung Regenfallrohr – Ost-Flügel
	∞	0,6	Unterflurtrennstelle – Ost-Flügel
	510,0		Dachtrennstelle – Ost-Flügel

Bild 2.69 Beispiel für die Dokumentation der Messergebnisse

2.7.5   Auswertung und Beurteilung

Den Abschluss der Prüfung bildet die Auswertung und Beurteilung der Ergebnisse. In dieser Phase der Prüfung muss auch die Frage des Bestandsschutzes geklärt werden (siehe Kapitel 2.2).

Grundsätzlich ist die Prüfung eines Blitzschutzsystems nach der neuesten Norm durchzuführen, zum jetzigen Zeitpunkt (Stand: 10/2014) ist dies die DIN EN 62305-3 (**VDE 0185-305-3**) in Verbindung mit Beiblatt 3 zu DIN EN 62305-3 (**VDE 0185-305-3**). Bei der Auswertung der Prüfungsergebnisse ist auf folgende Vorgehensweise zu achten:

Mängel älterer baulicher Anlagen, für die Bestandsschutz gilt, werden nach der Norm zum Zeitpunkt der Errichtung beurteilt. Abweichungen des Blitzschutzsystems von den zum Zeitpunkt der Prüfung geltenden Normen sind jedoch als Hinweise für den Betreiber der baulichen Anlage zu dokumentieren.

Hintergrund: Der Betreiber der baulichen Anlage ist in der Regel kein Fachmann für Blitzschutz. Da die Blitzschutzmaßnahmen jedoch sicherheitstechnische Bedeutung haben, insbesondere unter dem Gesichtspunkt des Brandschutzes und der Verfügbarkeit der technischen Infrastruktur, benötigt der Betreiber Informationen, ob sich der Stand der Erkenntnisse verändert hat und ob sich daraus für seine bauliche Anlage Verbesserungen ergeben könnten.

2.7.6   Dokumentation

Über jede Prüfung ist ein detaillierter Bericht zu erstellen, der zusammen mit den technischen Unterlagen und den Berichten vorhergehender Prüfungen beim Betreiber des Systems bzw. bei der zuständigen Verwaltungsstelle aufbewahrt werden soll. Die Dokumentation kann auch mit ständiger Fortschreibung durch ein Prüfungsbuch bzw. Prüfungsheft erfolgen. Bei der Abnahmeprüfung ist der Nachweis der wirksamen Schutzbereiche des Fangeinrichtungssystems der Dokumentation beizufügen.

2.7.6.1   Prüfbericht

Die Ergebnisse der Prüfung müssen in einem Prüfbericht dokumentiert werden, der mind. die Angaben nach Beiblatt 3 zu DIN EN 62305-3 (**VDE 0185-305-3**), Abschnitt 5 enthalten muss.

Der Prüfbericht enthält – soweit erforderlich – die folgenden Angaben:

- Allgemeines
  - Eigentümer, Anschrift,
  - Hersteller des Blitzschutzsystems, Anschrift,
  - Baujahr;

- Angaben zur baulichen Anlage
  - Standort,
  - Nutzung,
  - Bauart,
  - Art der Dacheindeckung,
  - Blitzschutzklasse;
- Angaben zum Blitzschutzsystem
  - Werkstoff und Querschnitt der Leitungen,
  - Anzahl der Ableitungen, z. B. Trennstellen (Bezeichnung entspricht den Angaben in der Zeichnung),
  - berechneter maximaler Trennungsabstand mit Referenzwert k_m = 1 für Luft,
  - Art der Erdungsanlage, z. B. Ringerder, Tiefenerder, Fundamenterder; Werkstoff und Querschnitt der Verbindungsleitungen zwischen den Einzelerdern,
  - Ausführung des Blitzschutzpotentialausgleichs zu metallenen Installationen, zu elektrischen Anlagen (soweit elektrische Einrichtungen zu schützen sind), zu vorhandenen Potentialausgleichsschienen;
- Grundlagen der Prüfung
  - Beschreibung und Zeichnungen des Blitzschutzsystems,
  - Blitzschutznormen und -bestimmungen zum Zeitpunkt der Errichtung,
  - weitere Prüfgrundlagen (z. B. Verordnungen, Auflagen) zum Zeitpunkt der Errichtung;
- Art der Prüfung
  - Prüfung der Planung,
  - baubegleitende Prüfung,
  - Abnahmeprüfung,
  - Wiederholungsprüfung,
  - Zusatzprüfung,
  - Sichtprüfung;
- Prüfergebnis, als Prüfergebnis ist Folgendes anzugeben:
  - festgestellte Änderungen der baulichen Anlage und/oder des Blitzschutzsystems,
  - Abweichungen von den zutreffenden Normen, Verordnungen, Auflagen und Anwendungsrichtlinien zum Zeitpunkt der Errichtung,
  - festgestellte Mängel,
  - Erdungswiderstand bzw. Schleifenwiderstand an den einzelnen Trennstellen (Angabe des Messverfahrens und des Messgerätetyps),
  - Gesamterdungswiderstand: Angabe, ob Messung ohne bzw. mit Schutzleiter und metallener Gebäudeinstallation;

• Prüfer

  – Name des Prüfers,
  – Firma/Organisation des Prüfers,
  – Name der Begleitperson,
  – Anzahl der Berichtseiten,
  – Datum der Prüfung,
  – Unterschrift der Firma/Organisation des Prüfers.

Da der Betreiber der baulichen Anlage in der Regel kein Fachmann für Blitzschutz ist, gehören zum Prüfbericht auch Hinweise auf die Ursache von Mängeln und wie diese zu beheben sind. Allgemeine Sätze, wie: „Die Fangleitung entspricht nicht den Anforderungen", helfen keinem weiter. In den Prüfbericht gehören präzise Formulierungen (siehe **Bild 2.70**).

Mängelbericht	
I.	Die Maschenweite der Fangleitung im Achsenbereich A-C/1-4 überschreitet mit 25 m × 18 m die für Schutzklasse III vorgeschriebene Maschenweite von 15 m × 15 m. Das Fangleitungssystem muss erweitert werden.
II.	Metallene Dachaufbauten, z. B. Metallkamine, Rückkühlanlage usw., wurden über Funkenstrecken mit der Fangleitung verbunden. Über die Anschlüsse werden Teilblitzströme eingekoppelt. Teilweise wurden unzulässige Keramik-Funkenstrecken verwendet. Die Einkopplung von Teilblitzströmen ist auch über die Stahlkonstruktion des Sonnenschutzes möglich.
III.	Die Attikableche des Gebäudes werden als natürliche Fangeinrichtung genutzt, sind aber nicht leitend an den Stoßstellen verbunden. An den Stoßstellen wurden hohe Übergangswiderstände gemessen.
IV.	Die Anschlüsse auf der Dachebene +12,0 m wurden fehlerhaft ausgeführt.
V.	Im Bereich der Ableitung 5 bestehen Näherungen zu Telefonleitungen, die direkt in den EDV-Bereich führen. Über die Ableitungen können Überspannungen in die Telefonkabel induziert werden.
VI.	Der Blitzschutzpotentialausgleich zu elektrischen Installationen muss ergänzt werden. In den Unterverteilungen des Gebäudes fehlen Überspannungsschutzmaßnahmen. Die vorhandenen Überspannungsschutzmaßnahmen sind nicht miteinander koordiniert.
VII.	Der Potentialausgleich zu metallenen Installationen, z. B. Gasrohr, Wasser, Heizung, muss erweitert werden. Der Aufzug Kantine/Küche ist nicht am Tiefpunkt geerdet.

Bild 2.70 Beispiel für den Mängelbericht in einem Prüfbericht

Nach Möglichkeit ist, für nicht mehr zugängliche Teile des Blitzschutzsystems, eine Fotodokumentation zu erstellen. Eine Fotodokumentation fordert z. B. die DIN 18014:2014-03 [2.7] für einen Fundamenterder (Beispiel siehe **Bild 2.71**). Sinnvoll ist eine Fotodokumentation auch für Überspannungs- und Schirmungsmaßnahmen (Beispiel siehe **Bild 2.72**).

Bild 2.71 Fotodokumentation des Fundamenterders

Bild 2.72 Fotodokumentation der Überspannungsschutzmaßnahmen
(Quelle: OBO Bettermann, Menden)

2.7.7   Zeichnerische Darstellung von Blitzschutzsystemen

Anforderungen an Zeichnungen von Blitzschutzsystemen werden in Beiblatt 3 zu DIN EN 62305-3 (**VDE 0185-305-3**), Abschnitt 7 dargestellt. Folgende Mindestkriterien sind einzuhalten:

- Maßstabsgerechte Darstellung mit Angabe des Maßstabs,
- Erläuterung und klare Kennzeichnung der verwendeten Symbole,
- Angabe der verwendeten Materialien,
- Detaildarstellungen von wichtigen Bereichen,
- Indexangaben,
- Angabe des Erstellungs- oder Änderungsdatum,
- genaue Bezeichnung des Projekts oder der baulichen Anlage,
- genaue Ortsangabe.

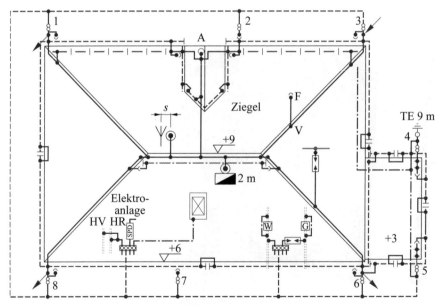

HV	Heizung Vorlauf,	*s* Trennungsabstand,
HR	Heizung Rücklauf,	F Fangeinrichtung,
W	Wasser,	A Anschluss,
G	Gas,	V Verbinder

Bild 2.73 Blitzschutzsystem mit Teilringerder und Staberder (Tiefenerder)
(Quelle: Beiblatt 3 zu DIN EN 62305-3 (**VDE 0185-305-3**), Bild 3)

Bei größeren Bauvorhaben sind häufig mehrere Zeichnungen erforderlich (**Bild 2.73 bis 2.75**), z. B.:

- Fundamenterder,
- Potentialausgleichsmaßnahmen,
- Erdungsmaßnahmen in verschiedenen Ebenen,
- Fangleitung.

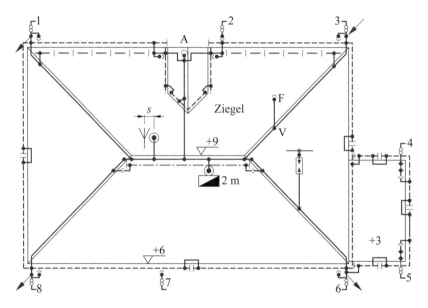

s	Trennungsabstand,	A Anschluss,
F	Fangeinrichtung,	V Verbinder

Bild 2.74 Blitzschutzsystem mit Fundamenterder (Dachdraufsicht)
(Quelle: Beiblatt 3 zu DIN EN 62305-3 (**VDE 0185-305-3**), Bild 4)

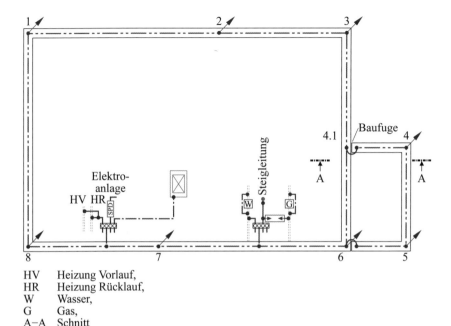

HV   Heizung Vorlauf,
HR   Heizung Rücklauf,
W   Wasser,
G   Gas,
A–A Schnitt

Bild 2.75 Blitzschutzsystem mit Fundamenterder (Keller/Erdgeschoss)
(Quelle: Beiblatt 3 zu DIN EN 62305-3 (**VDE 0185-305-3**), Bild 5)

2.7.8 Umfang und Kosten der Prüfung

Nach Beiblatt 3 zu DIN EN 62305-3 (**VDE 0185-305-3**) ist ein Blitzschutzsystem vollständig zu prüfen. Hierzu gehören die Prüfung der Dokumentation, die Besichtigung des Äußeren und Inneren Blitzschutzes, die erforderlichen Messungen und die sorgfältige Erstellung eines Prüfberichts.

Nicht immer wird der Betreiber der baulichen Anlage eine Gesamtprüfung veranlassen oder die vollständige Prüfung nur durch einen sachkundigen Prüfer durchführen lassen. In bestimmten Situationen erfordern die baulichen Gegebenheiten unterschiedliche Sachkenntnisse, die sich z. B. aus baulichen Besonderheiten ergeben (z. B. schwierige Dachkonstruktionen, Sondernutzungen wie Silogebäude usw.). Aber auch bei baulichen Anlagen mit umfangreicher und komplexer technischer Infrastruktur (z. B. Brandmeldezentralen, Alarmanlagen, Zugangskontrollsysteme, EDV – technische Einrichtungen usw.) können Spezialkenntnisse erforderlich sein.

Die aufgeführten Aspekte zeigen, dass vor der Beauftragung der Prüfung eines Blitzschutzsystems der genaue Umfang der Prüfung schriftlich zwischen Auftraggeber und Auftragnehmer fixiert werden muss. Grundlage der Beauftragung sollte ein Angebot sein, das folgende Angaben berücksichtigen sollte:

- Zeitaufwand für die Prüfung der Dokumentation,
- Zeitaufwand für die Besichtigung,
- Zeitaufwand für die erforderlichen Messungen,
- Zeitaufwand für die Erstellung des Prüfberichts.

Der Aufwand für An- und Abfahrt bei größeren Strecken oder für besondere Hilfsmittel (Hubbühne, spezielle Messgeräte) ist ebenfalls zu berücksichtigen. Die Besichtigung der Erdungsanlage erfordert in den meisten Fällen die Freigrabung einzelner Erdungsteile. Hier muss geklärt werden, in welchem Umfang und mit welchem Aufwand dies erfolgen soll. Insbesondere bei befestigten Verkehrsflächen ist die Nutzung von Fachfirmen aus dem Tiefbaubereich zu prüfen.

Prüfangebote, die nicht spezifiziert sind, können im Streitfall (sprich Schadensfall) für den Prüfer zu Schwierigkeiten führen, insbesondere dann, wenn die Klärung vor Gericht erfolgt. Aber auch der Betreiber der baulichen Anlage sollte auf spezifizierte Angebote bestehen, damit ein aussagefähiger Leistungsvergleich zwischen verschiedenen Prüfangeboten möglich ist. Es empfiehlt sich, allzu kurz gefasste Angebote mit geringen Prüfungsgebühren besonders gründlich zu prüfen und zu hinterfragen. Nachfolgende **Tabelle 2.3** stellt beispielhaft dar, wie die Erstellung und Kalkulation eines Prüfangebots aussehen kann.

Pos.	Bezeichnung	Minuten
1	Prüfung der Dokumentation	60
2	Besichtigung des äußeren Blitzschutzsystems	180
3	Freilegung der Erdungsanlage an mind. zwei Stellen, sollten sich Mängel an der Erdungsanlage ergeben, dann werden mit dem Auftraggeber weitere Maßnahmen abgestimmt	120
4	Besichtigung des inneren Blitzschutzes, einschließlich Hauptpotentialausgleich, Hauptverteilung, Unterverteilungen, informationstechnische Installationen am Gebäudeeintritt	120
5	Messung der Widerstände an den Messstellen des Blitzschutzsystems	120
6	Erstellung des Prüfberichts	120
	Zeitaufwand in Minuten	**720**
	Zeitaufwand in Stunden	**12**

Tabelle 2.3 Beispiel für die Erstellung eines Prüfangebots

2.7.9 Beispiel: Prüfbericht – Erfassungsbogen

Prüfbericht - Erfassungsbogen   Seite 1 von 5

Allgemeine Angaben		
Auftrags-Nr.:	Prüfer:	Prüfdatum:
Auftraggeber:		
Gebäude:		
Standort:		

Prüfung der Blitzschutz- und Erdungsanlage	
Errichter der Blitzschutzanlage:	Baujahr der Blitzschutzanlage:
Art der Prüfung:	☐ Wiederholungsprüfung nach DIN VDE 0185-305-3 (10-2011) ☐ Abnahmeprüfung nach DIN VDE 0185-305-3 (10-2011) ☐ Nachkontrolle / Mängelbeseitigung nach DIN VDE 0185-305-3 (10-2011)
Blitzschutznorm zum Zeitpunkt der Errichtung:	☐ DIN VDE 0185 T1 (11-1982) ☐ DIN VDE 0185 T2 (11-1982) ☐ DIN V VDE 0185 (11-2002) ☐ ABB (8.Auflage) ☐ DIN VDE 0185-305-3 (10- 2006) ☐ DIN VDE 0185-305-3 (10-2011)
Zeichnungs-Nr.:	Maßstab:

Schutzklasse				
Der Prüfung zugrunde gelegte SK :	☐ I	☐ II	☐ III	☐ IV

Gebäudeangaben				
Gebäudeabmessungen Länge x Breite : (die längsten Gebäudemaße angeben)				
Gebäudeumfang (Summe aller Gebäudeaußenlängen) :				
alle Gebäudehöhen (Attika, First, Turm, Mast, etc.) :	Attika: Turm:	First: Kamin:	Rinne: Dachebene:	Mast:
Gebäudenutzung :				
Gebäudekonstruktion :	☐ Mauerwerk ☐ Stahlbeton ☐ mit vorgehängter Naturscheinfassade	☐ Stahlkonstruktion ☐ Wärmedämmputz ☐	☐ Metallfassade ☐ _____	
Dachform :	☐ Flachdach ☐ Pultdach ☐ Mansarddach ☐ Sheddach ☐ _____	☐ Satteldach ☐ Walmdach ☐ Tonnendach ☐ Schleppdach ☐ _____	☐ Zelt-/Turmdach ☐ Krüppelwalmdach ☐ Bogendach	
Dachaufbauten vorhanden? ☐ Ja ☐ Nein	☐ Kamin ☐ RWA ☐ Technikaufbauten ☐ Mobilfunkantenne ☐ Dachgaube ☐ Abgasrohre ☐ Lichtkupp. (mech.)	☐ Turm ☐ Motorlüfter ☐ Sirene ☐ GPS Antenne ☐ Lichtband ☐ Dachfenster ☐ Lichtkupp. (elektr.)	☐ Antennenanlage ☐ Rückkühlanlagen ☐ Lüftung ☐ Solarthermieanlage ☐ Photovoltaikanlage ☐ Lichtkupp. (pneum.)	
Art der Dacheindeckung	☐ Dachpappe ☐ Blech ☐ Pflaster ☐ Reet	☐ Dachfolien ☐ Ziegel ☐ Begrünung ☐ Eternit	☐ Kies ☐ Schiefer ☐ Zinkblech ☐ _____	

Prüfbericht - Erfassungsbogen Seite 2 von 5

Angaben zur Prüfung	
Messmethode :	☐ Messungen gegen Sonde und Hilfserder, gemäß DIN 0101-2 ☐ Durchgangsmessungen an Dachtrennstellen ☐ Durchgangsmessungen Erdeinführung / Ableitung ☐ Durchgangsmessungen gegen Bezugserde
Messgerät:	☐ Erdungswiderstandsmessgerät Chauvin Arnoux Typ C.A 6423 ☐ Zangenmessgerät Chauvin Arnoux CA 6410
Witterungsbedingungen :	☐ Feucht ☐ Trocken

Angaben zum Blitzschutzsystem

Fangeinrichtung			
Planungsmethode	☐ nach Maschenverfahren ☐ nach Schutzwinkelverfahren ☐ nach Blitzkugelmethode ☐ natürlicher Blitzschutz		
Werkstoff	☐ Alu - Ø 8 mm ☐ Stahl verz.-Ø 8 mm ☐ Metallbleche ☐ Aldreyseil	☐ Alu - Ø 10 mm ☐ Behälter ☐ Hochspannungsfest	☐ CU - Ø 8 mm ☐ Stahlkonstruktion ☐ aufgeständerte Fangl.
Maschenweite	☐ < 5,0 m x 5,0 m ☐ < 10,0 m x 10,0 m ☐ < 15,0 m x 15,0 m ☐ _____ ☐ 10,0 m x 20,0 m ☐ 20,0 m x 20,0 m ☐ gesamte Metalldachfläche		
Dachaufbauten:	☐ Dachaufbauten sind direkt mit der Fangeinrichtung verbunden ☐ Dachaufbauten sind über Funkenstrecken direkt mit der Fangeinrichtung verbunden ☐ Dachaufbauten sind durch Fangspitzen vor dem direkten Blitzeinschlag geschützt ☐ Schutz erfolgt durch Fangstangen gemäß DIN VDE 0185-305-3 ☐ keine Dachaufbauten vorhanden ☐ stehen im Schutzbereich ☐ nicht verbunden		
Natürliche Fangeinrichtungen	☐ Attika / Blechabdeckungen ☐ Rinne ☐ Metalldach ☐ Stahlkonstruktion ☐ Behälter ☐ Stahlmaste ☐ ☐ ☐		
Dachunterkonstruktion aus Metall	☐ die Unterkonstruktion ist mit dem Fangleitungssystem verbunden ☐ die Unterkonstruktion ist **nicht** mit dem Fangleitungssystem verbunden		
	Das Metalldach erfüllt die Anforderungen gem. DIN VDE 0185-305-3. Gemäß Vorgabe der Bauleitung wurde das Metalldach als Fangeinrichtung genutzt. Schutzmaßnahmen gegen Durchlöchern, Überhitzung und Abschmelzen wurden nicht gefordert. ☐ Ja ☐ Nein		
	Sind die natürlichen Fangeinrichtungen vor direktem Blitzeinschlag geschützt? ☐ Ja ☐ Nein ☐ Teilweise		

Ableitungseinrichtung			
Werkstoff:	☐ Alu – Ø 8 mm ☐ Stahl verz.-Ø 8 mm ☐ Stahlkonstruktion ☐ Metallfassade ☐ Flachband 40 x 5	☐ Alu - Ø 10 mm ☐ Alu isoliert ☐ HVI ☐ Kabel ☐ Ø 10 mm - Stahl verz.	☐ CU - Ø 8 mm ☐ Behälter ☐ Flachband 20 x 2,5 ☐ Flachband 30 x 3,5 ☐ Ø 8 mm - Stahl verz.
Art der Ausführung:	☐ auf Mauerwerk ☐ an Fallrohren ☐ verdeckt ☐ im Beton ☐ konstruktive Teile (Stahlträger, Steigeleiter, Treppentürme, Metallfassade, etc.)		
Anzahl der Ableitungen: <small>(direkte sowie über konstruktive Teile)</small>			
Größter Abstand der Ableitungen:		Mittlerer Abstand der Ableitungen: <small>(Gebäudeumfang : Ableitungsanzahl)</small>	

Nummerierung	
Sind die Messstellen durchgehend nummeriert? ☐ Ja	☐ Nein

Prüfbericht - Erfassungsbogen   Seite 3 von 5

Erdungsanlage				
Erderanordnung:	☐ Typ A	☐ Typ B	☐ Unbekannt	☐ alte Erdungsanlage
Typ der Erdungsanlage:	☐ Einzelerder - ____ m	☐ Oberflächenerder		☐ Fundamenterder
Werkstoff Erdungsanlage:	☐ Ø 20 mm, verz. TE ☐ Ø 20 mm, VA. TE ☐ Ø 10 mm – V4A	☐ FB 30 x 3,5 mm St. Verz. ☐ FB 30 x 3,5 mm V4A. ☐ 50 mm² - CU Seil verz.	☐ ☐	☐ CU - Ø 8 mm ☐ 50 mm² - CU Seil verz.
Werkstoff Erdeinführungen:	☐ FB 30 x 3,5 mm V4A. ☐ Ø 16 mm - V4A ☐ Ø 10 mm – verz – isol. ☐ 95 mm² - NYY	☐ FB 30 x 3,5 mm St. Verz. ☐ Ø 10 mm – V4A ☐ CU - Ø 8 mm ☐ CU – Ø 16 mm	☐ ☐ ☐ ☐	☐ Ø 16 mm - verz. ☐ Ø 10 mm – verz. ☐ 50 mm² - NYY ☐ Erdungsfestpunkt
Einzelerder sind unter-einander verbunden ?	☐ Nein	☐ Ja	☐ konstruktive Teile ☐ Verbindungsleitung -	
Probeschachtung durchgeführt:	☐ Ja	☐ Nein		
Wenn „ja" dann Zustand der Erdungsanlage:	☐ gut	☐ leichte Korrosion		☐ nicht mehr blitzstromtragfähig
Anzahl der Anschlussfahnen / Erdeinführungen				

Anzahl der Erden
für direkte Ableitungen:
für Tiefpunkterdungen:
für Potentialausgleichsmaßnahmen:
für sonstige Erdungsmaßnahmen:

Potentialausgleich				
Sind Potentialausgleichs-maßnahmen vorhanden?	☐ Ja	☐ Nein	Anschlussfahne	☐ isoliert ☐ korrosionsgeschützt
Sind Potentialausgleichs-maßnahmen vollständig?	☐ Ja	☐ Nein (sh. Mängelbericht)		
Potentialausgleich durchgeführt an:	☐ Heizungsrohre ☐ Klima/ Lüftungsanlage ☐ Kabelbühnen ☐ Stahlträger ☐ Anlagenteile ☐ Ventilatoren ☐ Gitter ☐ Ständerboden ☐ Kaminrohr	☐ Wasserrohre ☐ Druckluftleitung ☐ Aufzugsanlage ☐ Stahlkonstruktion ☐ Motoren ☐ Pumpen ☐ Türen ☐ Rohrleitungen ☐	☐ Gasrohre ☐ PEN-Leiter ☐ Erdungsanlage ☐ Geländer ☐ Ablaufrinnen ☐ Feuerlöschleitung ☐ Trafos ☐ Ex Bereich ☐	
Werkstoff für PA-Maßnahmen:	☐ 16 mm² H07VK ☐ 70 mm² H07VK ☐ 95 mm² NYY ☐ 95 mm² Cu Seil ☐ 10 mm² - NYM ☐ Alu – Ø 8 mm	☐ 25 mm² H07VK ☐ 50 mm² NYY ☐ 50 mm² Cu Seil ☐ FB Cu 40 x 5 mm ☐ 16 mm² - NYM ☐ CU - Ø 8 mm	☐ 50 mm² H07VK ☐ 70 mm² NYY ☐ 70 mm² Cu Seil ☐ FB Cu 40 x 10 mm ☐ ____ mm² -H07V-R ☐	

Prüfbericht - Erfassungsbogen   Seite 4 von 5

Überspannungsschutzmaßnahmen			
Sind Überspannungsschutzmaßnahmen vorhanden?		□ Nein □ Ja	
Wurde der Überspannungsschutz überprüft?	□ Nein □ Ja	□ Sichtprüfung □ Anschluss u. Vorsicherung geprüft	
Anzahl der Einspeisungen:		Anzahl der Unterverteilungen:	
Sonstige Einspeisungen:	□ TV	□ SAT □ Telefon	□ EDV
Ist eine Notstromversorgung vorhanden	□ Ja	□ Nein	

Auflistung der Überspannungsschutzmaßnahmen					
Etage	Raum- nummer	Verteilungs- bezeichnung	Einbauort	Ableiter -Typ	Überspannungsschutzbauteil

Prüfungsergebniss			
Wurden vor der Wiederholungsprüfung Unterlagen vorangegangener Prüfungen zur Verfügung gestellt?	□ Ja	□ Nein	□ Teilweise
Stimmen die technischen Unterlagen mit den Anforderungen der DIN VDE 0185-305-3 überein? (*)	□ Ja	□ Nein	□ Teilweise
Das geprüfte Blitzschutzsystem ist ohne Mängel:	□ Ja	□ Nein	□ Teilweise
Die beauftragten Leistungen sind ohne Mängel:	□ Ja	□ Nein	□ Teilweise
Die beauftragten Blitzschutzmaßnahmen entsprechen den Forderungen der DIN VDE 0185-305-3:	□ Ja	□ Nein	□ Teilweise
Die ausgeführten Blitzschutzmaßnahmen stimmen mit der Dokumentation überein:	□ Ja	□ Nein	□ Teilweise
Die Anlage ist in einem ordnungsgemäßen Zustand, betriebssicher und wirksam:	□ Ja	□ Nein	□ Teilweise
Bei der Prüfung habe ich Mängel festgestellt (siehe Mängelliste des Prüfberichtes).	□ Ja	□ Nein	□ Teilweise
Die Empfehlungen Nr. stellen Verbesserungen gemäß der Norm DIN EN 62305-3 und dem Stand der Technik dar.	□ Ja	□ Nein	□ Teilweise

Ort, den   Unterschrift :

Prüfbericht · Erfassungsbogen

Gesamtausbreitungswiderstand Ω	
Ohne Verbindung zum Potentialausgleich Ω:	
Mit Verbindung zum Potentialausgleich Ω:	

Nr.	Widerstand Erdung Ω	Widerstand Ableitung Ω	Bemerkungen
1.			
2.			
3.			
4.			
5.			
6.			
7.			
8.			
9.			
10.			
11.			
12.			
13.			
14.			
15.			
16.			
17.			
18.			
19.			
20.			
21.			
22.			
23.			
24.			
25.			
26.			
27.			
28.			
29.			
30.			

Messergebnisse Ω

2.7.10   Beispiel: Messprotokoll für Tiefenerder

Messprotokoll für Tiefenerder

Auftraggeber:	**Mustermann AG**		
Auftrags-Nr.:		vom:	
Baustelle:	10 kV Trafostation	Prüfdatum:	
Prüfer:		Witterung:	Feucht
Normen:	DIN EN 50522 (VDE 0101-2): 2011-11 DIN EN 62305-3 (VDE 0185-305-3): 2011-11		
Messmethode	Messung gegen Sonde und Hilfserder gemäß DIN VDE 0101-2, Abschnitt L.2.2		
Messgerät:			
Widerstand Hilfserder:	1200 Ω	Widerstand Sonde:	1950 Ω
Erder Material	Tiefenerder: Rundstahl 20 mm, verzinkt Erdungsleitung: Flachband 30 x 3,5 mm, V4A		

Erderlänge	Erder 1 Ω	Erder 2 Ω	Erder 3 Ω	Erder 4 Ω	Erder 5 Ω	Erder 6 Ω	Erder 7 Ω	Erder 8 Ω	Gesamterdungs- widerstand Ω
1,5 m	61	66	85	53					E1 – E 2 = 7
3,0 m	85	67	87	54					E1 – E 3 = 5,1
4,5 m	102	73	83	53					E1 – E 4 = 4,6
6,0 m	178	68	91	49					
7,5 m	54	52	39	46					
9,0 m	38	36	35	23					
10,5 m	26	27	25	21					
12,0 m	21	22	20	17					
13,5 m	17	18	17	14					
15,0 m	15	16	15	13					
16,5 m	13	13	13	11					
18,0 m	**12**	**13**	**12**	**10**					
19,5 m									
21,0 m									

A) Betriebserde: 4,8 Ω   **B) Blitzschutzerde: 8,5 Ω**   **C) Gesamtwiderstand A) + B): 2.94 Ω**

Bemerkungen:

Die Betriebserde der Trafostation wurde 1959 erstellt. Untersuchungen haben ergeben, dass die Betriebserde durch Korrosion so geschwächt ist, dass die vorgeschriebenen Mindestquerschnitte deutlich unterschritten werden. Die Betriebssicherheit und die Schutzfunktion ist im Fehlerfall nicht mehr gegeben. Für die neue Betriebserde wird ein Gesamterdungswiderstand < 5 Ohm gefordert. An der Haupt-Erdungsschiene wird eine Verbindung zur Erdungsanlage des Blitzschutzsystems hergestellt. Die Erdungsanlage für den Blitzschutz befindet sich in einem einwandfreien Zustand.

Ort, den   Unterschrift:

2.8   Literatur

[2.1]   DIN EN 62305-3 (**VDE 0185-305-3**):2011-10 Blitzschutz – Teil 3: Schutz von baulichen Anlagen und Personen. Berlin · Offenbach: VDE VERLAG

[2.2]   DIN EN 62305-3 Beiblatt 3 (**VDE 0185-305-3 Beiblatt 3**):2012-10 Blitzschutz – Teil 3: Schutz von baulichen Anlagen und Personen – Beiblatt 3: Zusätzliche Informationen für die Prüfung und Wartung von Blitzschutzsystemen. Berlin · Offenbach: VDE VERLAG

[2.3]   DIN VDE 1000-10 (**VDE 1000-10**):2009-01 Anforderungen an die im Bereich der Elektrotechnik tätigen Personen. Berlin · Offenbach: VDE VERLAG

[2.4]   **Betriebssicherheitsverordnung (BetrSichV)**. Verordnung über Sicherheit und Gesundheitsschutz bei der Bereitstellung von Arbeitsmitteln und deren Benutzung bei der Arbeit, über Sicherheit beim Betrieb überwachungsbedürftiger Anlagen und über die Organisation des betrieblichen Arbeitsschutzes vom 27. September 2002. BGBl. I 54 (2002) Nr. 70 vom 2.10.2002, S. 3777–3816. – ISSN 0341-1095, zuletzt geändert 2011

[2.5]   DIN EN 62305-2 (**VDE 0185-305-2**):2013-02 Blitzschutz – Teil 2: Risiko-Management. Berlin · Offenbach: VDE VERLAG

[2.6]   VdS 2010:2010-09 Risikoorientierter Blitz- und Überspannungsschutz – Unverbindliche Richtlinien zur Schadenverhütung. Köln: VdS Schadenverhütung

[2.7]   DIN 18014:2014-03 Fundamenterder – Planung, Ausführung und Dokumentation. Berlin: Beuth

2.9   Weiterführende Literatur

[2.8]   DIN EN 62305-1 (**VDE 0185-305-1**):2011-10 Blitzschutz – Teil 1: Allgemeine Grundsätze. Berlin · Offenbach: VDE VERLAG

[2.9]   DIN EN 62305-4 (**VDE 0185-305-4**):2011-10 Blitzschutz – Teil 4: Elektrische und elektronische Systeme in baulichen Anlagen. Berlin · Offenbach: VDE VERLAG

[2.10] DIN EN 62305-3 Beiblatt 1 (**VDE 0185-305-3 Beiblatt 1**):2012-10 Blitzschutz – Teil 3: Schutz von baulichen Anlagen und Personen – Beiblatt 1: Zusätzliche Informationen zur Anwendung der DIN EN 62305-3 (VDE 0185-305-3). Berlin · Offenbach: VDE VERLAG

[2.11] DIN EN 62305-3 Beiblatt 2 (**VDE 0185-305-3 Beiblatt 2**):2012-10
Blitzschutz – Teil 3: Schutz von baulichen Anlagen und Personen –
Beiblatt 2: Zusätzliche Informationen für besondere bauliche Anlagen.
Berlin · Offenbach: VDE VERLAG

[2.12] DIN EN 62305-3 Beiblatt 4 (**VDE 0185-305-3 Beiblatt 4**):2008-01
Blitzschutz – Teil 3: Schutz von baulichen Anlagen und Personen –
Beiblatt 4: Verwendung von Metalldächern in Blitzschutzsystemen.
Berlin · Offenbach: VDE VERLAG

[2.13] DIN EN 62305-3 Beiblatt 5 (**VDE 0185-305-3 Beiblatt 5**):2014-02
Blitzschutz – Teil 3: Schutz von baulichen Anlagen und Personen –
Beiblatt 5: Blitz- und Überspannungsschutz für PV-Stromversorgungs-
systeme. Berlin · Offenbach: VDE VERLAG

[2.14] DIN EN 62561-1 (**VDE 0185-561-1**):2013-02 Blitzschutzsystembauteile
(LPSC) – Teil 1: Anforderungen an Verbindungsbauteile.
Berlin · Offenbach: VDE VERLAG

[2.15] DIN EN 62561-2 (**VDE 0185-561-2**):2013-02 Blitzschutzsystembauteile
(LPSC) – Teil 2: Anforderungen an Leiter und Erder. Berlin · Offenbach:
VDE VERLAG

[2.16] DIN EN 62561-3 (**VDE 0185-561-3**):2013-02 Blitzschutzsystembauteile
(LPSC) – Teil 3: Anforderungen an Trennfunkenstrecken.
Berlin · Offenbach: VDE VERLAG

[2.17] DIN EN 62561-4 (**VDE 0185-561-4**):2012-01 Blitzschutzsystembauteile
(LPSC) – Teil 4: Anforderungen an Leitungshalter. Berlin · Offenbach:
VDE VERLAG

[2.18] DIN EN 62561-5 (**VDE 0185-561-5**):2012-01 Blitzschutzsystembauteile
(LPSC) – Teil 5: Anforderungen an Revisionskästen und Erderdurchführungen. Berlin · Offenbach: VDE VERLAG

[2.19] DIN EN 62561-6 (**VDE 0185-561-6**):2012-03 Blitzschutzsystembauteile
(LPSC) – Teil 6: Anforderungen an Blitzzähler (LSC). Berlin · Offenbach:
VDE VERLAG

[2.20] DIN EN 62561-7 (**VDE 0185-561-7**):2012-08 Blitzschutzsystembauteile
(LPSC) – Teil 7: Anforderungen an Mittel zur Verbesserung der Erdung.
Berlin · Offenbach: VDE VERLAG

[2.21] DIN EN 61936-1 (**VDE 0101-1**):2014-12 Starkstromanlagen mit
Nennwechselspannungen über 1 kV – Teil 1: Allgemeine Bestimmungen.
Berlin · Offenbach: VDE VERLAG

[2.22] DIN EN 50552 (**VDE 0101-2**):2011-11 Erdung von Starkstromanlagen mit
Nennwechselspannungen über 1 kV. Berlin · Offenbach: VDE VERLAG

[2.23] DIN VDE 0100-410 (**VDE 0100-410**):2007-06 Errichten von Niederspannungsanlagen – Teil 4-41: Schutzmaßnahmen – Schutz gegen elektrischen Schlag. Berlin · Offenbach: VDE VERLAG

[2.24] DIN VDE 0100-443 (**VDE 0100-443**):2007-06 Errichten von Niederspannungsanlagen – Teil 4-44: Schutzmaßnahmen – Schutz bei Störspannungen und elektromagnetischen Störgrößen – Abschnitt 443: Schutz bei Überspannungen infolge atmosphärischer Einflüsse oder von Schaltvorgängen. Berlin · Offenbach: VDE VERLAG

[2.25] DIN VDE 0100-540 (**VDE 0100-540**):2012-06 Errichten von Niederspannungsanlagen – Teil 5-54: Auswahl und Errichtung elektrischer Betriebsmittel – Erdungsanlagen und Schutzleiter. Berlin · Offenbach: VDE VERLAG

[2.26] DIN EN 61400-24 (**VDE 0127-24**):2011-04 Windenergieanlagen – Teil 24: Blitzschutz. Berlin · Offenbach: VDE VERLAG

[2.27] DIN EN 60079-14 (**VDE 0165-1**):2009-05 Explosionsfähige Atmosphäre – Teil 14: Projektierung, Auswahl und Errichtung elektrischer Anlagen. Berlin · Offenbach: VDE VERLAG

[2.28] DIN VDE 0151 (**VDE 0151**):1986-06 Werkstoffe und Mindestmaße von Erdern bezüglich der Korrosion. Berlin · Offenbach: VDE VERLAG

[2.29] DIN EN 50174-2 (**VDE 0800-174-2**):2015-xx Informationstechnik – Installation von Kommunikationsverkabelung – Teil 2: Installationsplanung und Installationspraktiken in Gebäuden. Berlin · Offenbach: VDE VERLAG

[2.30] DIN EN 50310 (**VDE 0800-2-310**):2011-05 Anwendung von Maßnahmen für Erdung und Potentialausgleich in Gebäuden mit Einrichtungen der Informationstechnik. Berlin · Offenbach: VDE VERLAG

[2.31] DIN EN 60728-11 (**VDE 0855-1**):2011-06 Kabelnetze für Fernsehsignale, Tonsignale und interaktive Dienste – Teil 11: Sicherheitsanforderungen. Berlin · Offenbach: VDE VERLAG

[2.32] DIN VDE 0855-300 (**VDE 0855-300**):2008-08 Funksende-/-empfangssysteme für Senderausgangsleistungen bis 1 kW – Teil 300: Sicherheitsanforderungen. Berlin · Offenbach: VDE VERLAG

[2.33] DIN 18015-1:2013-09 Elektrische Anlagen in Wohngebäuden – Teil 1: Planungsgrundlagen. Berlin: Beuth

[2.34] DIN 820-2:2012-12 Normungsarbeit – Teil 2: Gestaltung von Dokumenten. Berlin: Beuth

[2.35] DIN EN 1991-1-4:2010-12 Eurocode 1: Einwirkungen auf Tragwerke – Teil 1-4: Allgemeine Einwirkungen – Windlasten. Berlin: Beuth

[2.36] DIN 4102 (Normenreihe) Brandverhalten von Baustoffen und Bauteilen, Teile 1 bis 23. Berlin: Beuth

[2.37] DIN EN 13501-1:2010-01 Klassifizierung von Bauprodukten und Bauarten zu ihrem Brandverhalten – Teil 1: Klassifizierung mit den Ergebnissen aus den Prüfung zum Brandverhalten von Bauprodukten. Berlin: Beuth

[2.38] DIN EN 13830:2003-11 Vorhangfassaden – Produktnorm. Berlin: Beuth

[2.39] DIN EN 61643-11 (**VDE 0675-6-11**):2013-04 Überspannungsschutzgeräte für Niederspannung – Teil 11: Überspannungsschutzgeräte für den Einsatz in Niederspannungsanlagen – Anforderungen und Prüfungen. Berlin · Offenbach: VDE VERLAG

[2.40] **Störfall-Verordnung (StöV)**. Zwölfte Verordnung zur Durchführung des Bundes-Immissionsschutzgesetzes (12. BImSchV*) vom 26. April 2000, Neufassung vom 8. Juni 2005. BGBl. I 57 (2005) Nr. 33 vom 16.6.2005, S. 1 598–1 620. – ISSN 0341-1095
$^*)$ Diese Verordnung dient der Umsetzung der Richtlinie 2003/105/EG des Europäischen Parlaments und des Rates vom 16. Dezember 2003 zur Änderung der Richtlinie 96/82/EG (Seveso-II-Richtlinie, ABl. EU (2003) Nr. L 345, S. 97) sowie der Richtlinie 96/82/EG des Rates vom 9. Dezember 1996 zur Beherrschung der Gefahren bei schweren Unfällen mit gefährlichen Stoffen (ABl. EG (1997) Nr. L 10, S. 13).

[2.41] **Druckgeräteverordnung**. Vierzehnte Verordnung zum Produktsicherheitsgesetz (14. ProdSV*) vom 27. September 2002. BGBl. I 54 (2002) Nr. 70 vom 2.10.2002, S. 3 777–3 816. – ISSN 0341-1095
$^*)$ Diese Verordnung dient der Umsetzung der Richtlinie 97/23/EG (Druckgeräterichtlinie) des Europäischen Parlaments und des Rates vom 29. Mai 1997 zur Angleichung der Rechtsvorschriften der Mitgliedstaaten über Druckgeräte (Abl. EG (1997) Nr. L 181, S. 1; Abl. EG (1997) Nr. L 265, S. 110).

[2.42] **Produktsicherheitsgesetz**. Gesetz über die Neuordnung des Geräte- und Produktsicherheitsrechts (ProdSG) vom 8. November 2011. BGBl. I 63 (2011) Nr. 57, S. 2 178–2 208, Berichtigung BGBl. I 64 (2012) Nr. 6 vom 8.2.2012, S. 131. – ISSN 0341-1095

[2.43] **DGUV Vorschrift 3 (vormals BGV A3)** BG-Vorschrift. Unfallverhütungsvorschrift. Elektrische Anlagen und Betriebsmittel vom 1. April 1979 in der Fassung vom 1. Januar 1997, mit Durchführungsanweisungen vom Oktober 1996. Aktuelle Nachdruckfassung Januar 2005. Köln: Berufsgenossenschaft Energie Textil Elektro Medienerzeugnisse, 2005

[2.44] **TRBS 1001**. Technische Regeln für Betriebssicherheit – Struktur und Anwendung der Technischen Regeln für Betriebssicherheit vom 15. September 2006. BAnz. 58 (2006) Nr. 232a vom 9.12.2006, S. 5–6. – ISSN 0720-6100

142   *2 Erläuterungen zu DIN EN 62305-3 (VDE 0185-305-3) Beiblatt 3*

[2.45] **TRBS 1111**. Technische Regeln für Betriebssicherheit – Gefährdungsbeurteilung und sicherheitstechnische Bewertung vom 15. September 2006.
BAnz. 58 (2006) Nr. 232a vom 9.12.2006, S. 7–10. – ISSN 0720-6100

[2.46] **TRBS 1112 Teil 1**. Technische Regeln für Betriebssicherheit – Explosions-
gefährdungen bei und durch Instandhaltungsarbeiten – Beurteilung und
Schutzmaßnahmen. GMBl. 61 (2010) Nr. 29 vom 12.5.2010, S. 615–619.
– ISSN 0939-4729

[2.47] **TRBS 1201 Teil 1**. Technische Regeln für Betriebssicherheit – Prüfung von
Anlagen in explosionsgefährdeten Bereichen und Überprüfung von Arbeits-
plätzen in explosionsgefährdeten Bereichen vom 15. September 2006.
BAnz. 58 (2006) Nr. 232a vom 9.12.2006, S. 20–26. – ISSN 0720-6100

[2.48] **TRBS 1203**. Technische Regeln für Betriebssicherheit – Befähigte
Personen vom 17. März 2010. GMBl. 61 (2010) Nr. 29 vom 12.5.2010,
S. 627–642. – ISSN 0939-4729 – zuletzt geändert durch Bekanntmachung
des BMAS vom 17.2.2012 – IIIb 3 – 35650. GMBl. 63 (2012) Nr. 21,
S. 386–387. – ISSN 0939-4729

[2.49] **TRBS 2152** Technische Regeln für Betriebssicherheit (inhaltsgleich:
Technische Regel für Gefahrstoffe TRGS 720) – Gefährliche explosionsfähige Atmosphäre – Allgemeines. BAnz. 58 (2006) Nr. 103a vom
2.6.2006, S. 4–7. – ISSN 0720-6100

[2.50] **TRBS 2152 Teil 3** Technische Regeln für Betriebssicherheit – Gefährliche
explosionsfähige Atmosphäre – Vermeidung der Entzündung gefährlicher
explosionsfähiger Atmosphäre. GMBl. 60 (2009) Nr. 77 vom 20.11.2009,
S. 1 583–1 597. – ISSN 0939-4729

[2.51] **TRBS 2153**. Technische Regeln für Betriebssicherheit – Vermeidung von
Zündgefahren infolge elektrostatischer Aufladungen. GMBl. 60 (2009)
Nr. 15/16 vom 9.4.2009, S. 278–326. – ISSN 0939-4729

[2.52] *Koch, W.:* Erdungen in Wechselstromanlagen über 1 kV. Berlin (u. a.):
Springer, 1961

[2.53] *Fendrich, L.; Fengler, W.:* Handbuch Eisenbahninfrastruktur.
Berlin · Heidelberg: Springer Vieweg, 2013. – ISBN 978-3-642-30020-2

[2.54] *Budde, Ch.:* Überarbeitung der EN 50122: Bahnanwendungen –
Ortsfeste Anlagen – Elektrische Sicherheit, Erdung und Rückstromführung.
BahnPraxis E Zeitschrift für Elektrofachkräfte zur Förderung der Betriebs-
und Arbeitssicherheit bei der Deutschen Bahn AG 14 (2011) H. 2, S. 3

[2.55] *Gonzalez, D.; Berger, F.; Vockeroth, D.:* Durchgang von Blitzströmen bei
Weichlotverbindungen. S. 76–81 in VDE-Fachbericht 68. Vorträge der
9. VDE/ABB-Blitzschutztagung vom 27.10.–28.10.2011 in Neu-Ulm.
Berlin · Offenbach: VDE VERLAG, 2011. – ISBN 978-3-8007-3380-4,
ISSN 0340-4161

[2.56] Dehn + Söhne Blitzplaner. Neumarkt (Oberpfalz): Dehn + Söhne, 2013. – ISBN 978-3-9813770-0-2

[2.57] *Rock, M.*; *Gonzalez, D.*; *Noack, F.*: Blitzschutz bei Metalldächern. Kurzvortrag und Diskussion auf der 24. Sitzung des Technischen Ausschusses ABB am 23.5.2003. Ilmenau: TU Ilmenau, 2003 (nicht veröffentlicht)

[2.58] VFF-Merkblatt FA.01:2009-09 Potentialausgleich und Blitzschutz von Vorhangfassaden. Frankfurt am Main: Verband der Fenster- und Fassadenhersteller

[2.59] Beton.org – Wissen – Beton & Bautechnik – Weiße Wannen – Wasserundurchlässige Bauwerke aus Beton. BetonMarketing Deutschland GmbH, Erkrath: www.beton.org/druck/fachinformationen/betonbautechnik/weisse-wanne

[2.60] Bauen auf Glas. TECHNOpor Glasschaum-Granulat. TECHNOpor Handels GmbH, Krems an der Donau/Österreich: www.technopor.com/service/downloads-all/finish/6-prospekte-folder/8-technopor-schaumglasschotter-folder-allgemein

[2.61] Beton.org – Wissen – Beton & Bautechnik – Stahlfaserbeton. BetonMarketing Deutschland GmbH, Erkrath: www.beton.org/wissen/beton-bautechnik/stahlfaserbeton

[2.62] Walzbeton. Wikipedia – Online-Enzyklopädie, abgerufen am 18.10.2014: http://de.wikipedia.org/wiki/Walzbeton

[2.63] Pfahlgründung. Wikipedia – Online-Enzyklopädie, abgerufen am 18.10.2014: http://de.wikipedia.org/wiki/Pfahlgründung

[2.64] Baunetz Wissen – Beton – Pfahlgründung. Baunetz – Onlinelexikon des Architekturmagazins BauNetz: www.baunetzwissen.de/standardartikel/Beton_Pfahlgruendung_151064.html

[2.65] Fundament (Bauwesen). Wikipedia – Online-Enzyklopädie, abgerufen am 18.10.2014: http://de.wikipedia.org/wiki/Fundament_(Bauwesen)

[2.66] **Energieeinsparverordnung**. Verordnung über energiesparenden Wärmeschutz und energiesparende Anlagentechnik bei Gebäuden – Zweite Verordnung zur Änderung der Energieeinsparverordnung (EnEV 2014) vom 18. November 2013. BGBl I 65 (2013) Nr. 67 vom 21.11.2013, S. 3951–3990. – ISSN 0341-1095

[2.67] *Freimann, Th.*: Regelungen und Empfehlungen für wasserundurchlässige (WU-)Bauwerke aus Beton. Beton-Informationen (2005) H. 3/4, S. 55–72. – ISSN 0170-9283

[2.68] Explosionsschutz nach ATEX, Grundlagen und Begriffe. Firmenschrift. Weil am Rhein: Endress + Hauser Messtechnik, 2007. – Best.-Nr. CP021Zde

3 Erläuterungen zur DIN EN 62305-4 (VDE 0185-305-4): Schutz von elektrischen und elektronischen Systemen

3.1 Störung von elektrischen und elektronischen Systemen durch LEMP

In unserer öffentlichen und privaten Umgebung sind ausgedehnte elektrische und elektronische Systeme nicht mehr wegzudenken. Dies betrifft die in Büro- und Verwaltungsgebäuden installierten Geräte und Systeme zur Erfüllung von betrieblichen Aufgaben (Computernetze für Verwaltung, Banken, Versicherungen) oder Automatisierungssysteme in der Industrie ebenso wie die Haustechnik (Stichwort „Smart Home").

Solche Systeme können einen Blitzschutz erfordern, der über den breit diskutierten Gebäudeblitzschutz gegen materielle Schäden und Lebensgefahr nach DIN EN 62305-3 (**VDE 0185-305-3**) [3.1] hinausgeht (siehe auch Kapitel 5 in [3.2]). Die Systeme sind nicht nur durch die unmittelbaren Auswirkungen direkter Blitzeinschläge (Brand, Explosion, mechanische und chemische Schäden), sondern auch durch mittelbare Wirkungen des Blitzes (impulsförmige Überspannungen bzw. -ströme und Magnetfelder) gefährdet. Deshalb muss als Gefahrenquelle der gesamte elektromagnetische Blitzimpuls (en: LEMP – Lightning Electromagnetic Pulse) betrachtet werden, der alle diese Wirkungen umfasst.

Die DIN EN 62305-4 (**VDE 0185-305-4**) [3.3] enthält in kompakter Form alle Informationen, die für den Schutz von elektrischen und elektronischen Systemen in baulichen Anlagen gegen den LEMP benötigt werden; diese Schutzmaßnahmen werden hier unter dem Begriff Überspannungsschutzmaßnahmen (en: SPM – Surge Protective Measures) zusammengefasst. Dabei ist es gelungen, diesen komplexen Schutz in eine Reihe konkreter einzelner Schutzmaßnahmen aufzuteilen, die dann vom Planer und Errichter zu einem dem jeweiligen Schutzziel angepassten Gesamtsystem zusammengesetzt werden können. Die benötigten Schutzmaßnahmen werden mithilfe der Risikoanalyse nach DIN EN 62305-2 (**VDE 0185-305-2**) [3.4] bestimmt, wobei für das gesamte Schutzsystem diejenige Variante ausgewählt werden sollte, die den nötigen Schutz bei geringstmöglichen Kosten gewährleistet.

Der Blitz setzt als Störquelle eine Energie von Hunderten Megajoule frei, während empfindliche Elektronik bereits durch Millijoule bis hin zur Zerstörung beeinflusst werden kann. Der Blitzstrom als primäre Störquelle beeinflusst elektrische und besonders empfindliche elektronische Systeme als Störsenke über die unterschiedlichen elektromagnetischen Kopplungsmechanismen (vgl. Kapitel 3.7 in [3.2]). Die Verträglichkeit zwischen Störsenke und Störquelle kann durch Maßnahmen an der Störquelle, durch Maßnahmen an der Störsenke oder durch Beeinflussen des Kopplungsmechanismus zwischen Störquelle und Störsenke erreicht werden:

- Die primäre Störquelle ist der elektromagnetische Impuls des Blitzes (LEMP), besonders der Blitzstrom und sein ungedämpftes magnetisches Feld, das in erster Näherung die gleiche Wellenform hat wie der Blitzstrom. Die Schutzmaßnahmen werden nach den Maximal- und Minimalwerten der Blitzstromparameter ausgelegt, die abhängig vom gewählten Gefährdungspegel I bis IV nach DIN EN 62305-1 (**VDE 0185-305-1**) [3.5] festgelegt sind. Anhang B der DIN EN 62305-1 (**VDE 0185-305-1**) gibt eine Zeitfunktion des Blitzstroms an, die z. B. für die Berechnung der Schirmwirkung, der Stromaufteilung und von Induktionswirkungen verwendet werden kann (vgl. Kapitel 3.6 in [3.2]).

- Die Störsenke sind elektrische und insbesondere empfindliche elektronische Systeme in oder an einer baulichen Anlage, die nur eine begrenzte Festigkeit gegen Impulsströme und gegen magnetische Felder haben. Die Festigkeit von solchen elektronischen Systemen wird üblicherweise durch Prüfungen nach der Normenreihe DIN EN 61000-4-x (**VDE 0847-4-x**) nachgewiesen: gegen leitungsgebundene Impulsströme nach DIN EN 61000-4-5 (**VDE 0847-4-5**) [3.6] mit Prüfspannungen von $0,5 - 1 - 2 - 4$ kV (Wellenform 1,2/50) bzw. mit Prüfströmen von $0,25 - 0,5 - 1 - 2$ kA (Wellenform 8/20) und ggf. gegen magnetische Felder nach DIN EN 61000-4-9 (**VDE 0847-4-9**) [3.7] mit Prüfpegeln von $100 - 300 - 1\,000$ A/m (Wellenform 8/20) oder nach DIN EN 61000-4-10 (**VDE 0847-4-10**) [3.8] mit Prüfpegeln von $10 - 30 - 100$ A/m (1 MHz). Es sei an dieser Stelle allerdings darauf hingewiesen, dass elektronische Systeme mit einem Prüfnachweis nach DIN EN 61000-4-9 (**VDE 0847-4-9**) und DIN EN 61000-4-10 (**VDE 0847-4-10**) nach wie vor äußerst selten sind, da diese Prüfungen im Allgemeinen nicht obligatorisch sind bzw. nicht gefordert werden.

- Geeignete Beeinflussung der Kopplungsmechanismen kann die Störsenke mit der ihr eigenen Störfestigkeit mit der Störquelle kompatibel machen. DIN EN 62305-4 (**VDE 0185-305-4**) erklärt die Kopplungsmechanismen und zeigt, dass diese beeinflusst werden durch Erdung, Potentialausgleich, räumliche Schirmung und durch die Leitungsführung und Schirmung von metallenen Leitern. Sind die Störgrößen Spannung und Strom an den System- und Geräteeingängen noch zu hoch, können sie schließlich durch ein koordiniertes System von Überspannungsschutzgeräten (en: SPD – Surge Protective Device) oder durch isolierende Schnittstellen, also z. B. Isoliertransformatoren, Lichtwellenleiter und Optokoppler, beherrscht werden.

Der Schwerpunkt dieses Buchs liegt beim Schutz von Personen und baulichen Anlagen gegen Blitzeinwirkungen. Insofern kommt diesem Kapitel 1 nur eine einführende Funktion zu. Für weitergehende Informationen wird auf den Band 185 der VDE-Schriftenreihe verwiesen [3.9].

3.2 Blitzschutzzonenkonzept

Nach dem Blitzschutzzonenkonzept wird der zu schützende Raum in Blitzschutzzonen (en: LPZ – Lightning Protection Zone) eingeteilt, um Bereiche unterschiedlicher Bedrohungswerte mit der Festigkeit des elektronischen Systems kompatibel zu machen und um Orte für den Potentialausgleich an den Zonengrenzen festzulegen. Diese Vorgehensweise bietet ein sehr flexibles Konzept für den Schutz gegen LEMP. Abhängig von Zahl, Art und Empfindlichkeit der elektronischen Geräte können geeignete LPZ definiert werden: von kleinen lokalen Zonen (z. B. das Gehäuse eines einzelnen elektronischen Geräts) bis zu großen integralen Zonen (die das gesamte Gebäudevolumen umfassen können).

Abhängig von der Art der Blitzbedrohung sind die nachfolgend angeführten Blitzschutzzonen definiert.

Äußere Zonen

LPZ 0   ist eine Zone, die durch das ungedämpfte elektrische und magnetische Feld des Blitzes und durch Impulsströme bis zum vollen oder anteiligen Blitzstrom gefährdet ist. Sie wird unterteilt in:

LPZ 0_A Gefährdet durch direkte Blitzeinschläge, durch Impulsströme bis zum vollen Blitzstrom und durch das volle Feld des Blitzes.

LPZ 0_B Geschützt gegen direkten Blitzeinschlag. Gefährdet durch Impulsströme bis zu anteiligen Blitzströmen und durch das volle Feld des Blitzes.

Innere Zonen (geschützt gegen direkte Blitzeinschläge)

LPZ 1   Impulsströme, begrenzt durch Stromaufteilung und durch SPDs und/oder isolierende Schnittstellen an den Zonengrenzen. Das Feld des Blitzes kann durch räumliche Schirmung gedämpft sein.

LPZ 2 … *n* Impulsströme weiter begrenzt durch Stromaufteilung und durch SPDs und/oder isolierende Schnittstellen an den Zonengrenzen. Das Feld des Blitzes ist meistens durch räumliche Schirmung gedämpft.

Die Anforderungen für die inneren Zonen müssen entsprechend der Festigkeit der zu schützenden elektrischen und elektronischen Systeme definiert werden. An der Grenze jeder inneren Zone muss der Potentialausgleich für alle eintretenden metallenen Teile und Versorgungsleitungen durchgeführt werden (direkt oder durch geeignete SPDs), und es kann eine räumliche Schirmung installiert werden.

Bild 3.1 zeigt das Prinzip für die Einteilung in verschiedene LPZ, das aus der Vorgehensweise der elektromagnetischen Verträglichkeit entnommen wurde [3.10]. **Bild 3.2** zeigt dazu ein konkretes Beispiel für die Einteilung einer baulichen Anlage in LPZ. Wichtige Aspekte dabei sind:

- Alle metallenen Versorgungsleitungen, die in die bauliche Anlage eintreten, werden an Potentialausgleichsschienen an der Grenze der LPZ 1 angeschlossen.

- Alle metallenen Versorgungsleitungen, die in die LPZ 2 (z. B. Computerraum) eintreten, werden an Potentialausgleichsschienen an der Grenze der LPZ 2 angeschlossen.

- Schirm 2 muss mit Schirm 1 verbunden werden. In diesem Beispiel übernimmt Schirm 1 auch die Aufgabe der Fangeinrichtung, der Ableitungen und der Erdungsanlage.

Das Blitzschutzzonenkonzept ist damit sehr flexibel. Es ermöglicht die Auswahl unterschiedlicher Schutzmaßnahmen an unterschiedlichen Stellen in der baulichen Anlage. Eine starke Formalisierung, analog zum Gebäudeblitzschutz nach DIN EN 62305-3 (**VDE 0185-305-3**), mit genauen Vorgaben an Abstände, Dimensionen und Werkstoffe wird zwar seit vielen Jahren diskutiert, erscheint hier aber nicht gleichermaßen möglich. Dies würde die Flexibilität im Einzelfall zu stark eingrenzen. Daher erfordert die Anwendung der DIN EN 62305-4 (**VDE 0185-305-4**) ein fundiertes Fachwissen und eine detaillierte Schutzplanung.

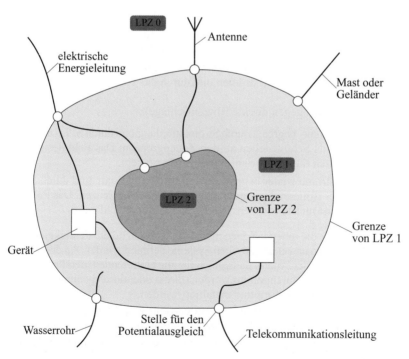

Bild 3.1 Prinzip für die Einteilung in verschiedene LPZ
(Quelle: DIN EN 62305-4 (**VDE 0185-305-4**), Bild 1 [3.3])

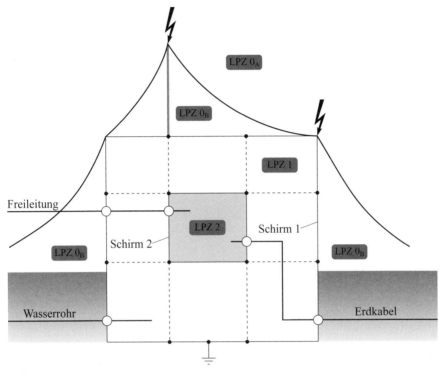

○ Potentialausgleich für eintretende Versorgungsleitungen,
  direkt oder durch geeignete SPDs:
  SPD (Klasse-I-Prüfung), erforderlich für Leitungen aus LPZ 0_A,
  SPD (Klasse-II- oder Klasse-III-Prüfung) für andere Leitungen;

●----------● Potentialausgleichnetzwerk

Bild 3.2 Beispiel für die Unterteilung einer baulichen Anlage in LPZ mit den geeigneten Stellen für den Potentialausgleich [3.9]

3.3 Schutzmaßnahmen gegen LEMP und Schutzplanung

Die möglichen Schutzmaßnahmen können nach folgenden Gruppen unterteilt werden, wobei eine Überschneidung mit den Inhalten nach DIN EN 62305-3 (**VDE 0185-305-3**) [3.1] zu beachten ist:

• Erdungsmaßnahmen sollen den Blitzstrom auffangen, ableiten und in die Erde verteilen. Insofern umfasst der Begriff „Erdungsmaßnahmen" hier die Gesamtheit des äußeren Blitzschutzes nach DIN EN 62305-3 (**VDE 0185-305-3**).

Konsequenterweise kann dazu ein äußerer Blitzschutz nach DIN EN 62305-3 (**VDE 0185-305-3**) oder ein räumlicher Schirm der LPZ 1 nach DIN EN 62305-4 (**VDE 0185-305-4**), der mit der Erdungsanlage verbunden ist und die Funktion des äußeren Blitzschutzes erfüllen kann, verwendet werden.

• Potentialausgleichsmaßnahmen sollen Potentialdifferenzen zwischen leitfähigen Teilen der baulichen Anlage oder des elektronischen Systems minimieren. Das kann durch ein Potentialausgleichsnetzwerk und durch den Potentialausgleich für alle metallenen Teile oder leitfähigen Versorgungsleitungen an jeder LPZ-Grenze direkt oder durch geeignete SPDs geschehen.

• Die räumliche Schirmung soll das von direkten oder nahen Blitzeinschlägen hervorgerufene magnetische Feld innerhalb einer LPZ und damit auch Spannungen und Ströme, die in dem elektrischen oder elektronischen System induziert werden, reduzieren.

• Leitungsführung und -schirmung sollen Spannungen und Ströme, die in dem elektrischen oder elektronischen System induziert werden, reduzieren. Der Induktionseffekt hängt von der magnetischen Feldstärke und von der Fläche der betreffenden Leiterschleife ab. Das magnetische Feld kann durch räumliche Schirmung (siehe oben) oder durch Leitungsschirmung (Verwendung von geschirmten Leitungen oder Leitungskanälen) reduziert werden. Die Fläche der Leiterschleife kann durch eng benachbarte Führung von elektrischen und elektronischen Leitungen minimiert werden.

• Durch den Einsatz eines koordinierten SPD-Schutzes (ein Satz von koordinierten Überspannungsschutzgeräten) werden äußere und innere Stoßspannungen und -ströme begrenzt.

• Isolierende Schnittstellen begrenzen ebenfalls die Wirkung von leitungsgeführten Stoßwellen (Spannungen und Strömen) auf Leitungen, die in die bauliche Anlage eingeführt werden.

Für neue bauliche Anlagen kann der optimale Überspannungsschutz für elektrische und elektronische Systeme mit einem Minimum an Kosten erreicht werden, wenn die Systeme gemeinsam mit dem Gebäude und vor dessen Errichtung geplant werden. Auf diese Weise kann die Nutzung natürlicher Komponenten des Gebäudes optimiert und die beste Alternative für Leitungsführung und -schirmung und für die Positionierung der Geräte gefunden werden.

Für bestehende bauliche Anlagen sind die Kosten für die Überspannungsschutzmaßnahmen (SPM) im Allgemeinen höher als bei neu zu erbauenden baulichen Anlagen. Die Kosten können aber optimiert werden, indem die LPZ geeignet gewählt und bestehende Installationen genutzt oder aufgerüstet werden.

Die optimale Kombination von SPMs kann nur erreicht werden, wenn die Maßnahmen von einer Blitzschutz-Fachkraft mit fundierter Kenntnis der EMV geplant werden, zwischen den Experten für den Bau und für die SPMs (z. B. zwischen den Bau- und den Elektroingenieuren) beste Koordination besteht und dem Managementplan nach

Norm, siehe **Tabelle 3.1** (entsprechend DIN EN 62305-4 (**VDE 0185-305-4**)), gefolgt wird. Im Einzelnen umfasst dies folgende Schritte:

- Ein SPM-Management (Tabelle 3.1) ist für die Planung und Koordination der Überspannungsschutzmaßnahmen erforderlich. Die Planung beginnt im Allgemeinen mit einer ersten Risikoanalyse nach DIN EN 62305-2 (**VDE 0185-305-2**) [3.4] zur Bestimmung der Notwendigkeit von Schutzmaßnahmen. Dabei gibt es vier grundlegende Möglichkeiten für notwendige Schutzmaßnahmen:

  1. keine weiteren Schutzmaßnahmen,
  2. Schutzmaßnahmen nur für eintretende Leitungen (Blitzschutzpotentialausgleich),
  3. komplettes Blitzschutzsystem der Schutzklasse I bis IV nach DIN EN 62305-3 (**VDE 0185-305-3**) [3.1] einschließlich Schutzmaßnahmen für eintretende Leitungen,
  4. Überspannungsschutzmaßnahmen nach dieser Norm DIN EN 62305-4 (**VDE 0185-305-4**) (vgl. die oben aufgeführten Maßnahmen).

- Basierend auf der Risikoanalyse muss ein Gefährdungspegel (I bis IV) festgelegt werden, um die Blitzstromparameter, das damit verbundene magnetische Feld und den zugehörigen Blitzkugelradius zu definieren.

- Die Blitzschutzzonen sind zu definieren, indem die äußeren Zonen LPZ 0_A und 0_B festgelegt werden und indem die zu schützende bauliche Anlage in innere LPZ unterteilt wird.

- Ein Erdungssystem, bestehend aus einem Potentialausgleichsnetzwerk und einer Erdungsanlage, muss geplant werden.

- Eintretende Versorgungsleitungen müssen an den Grenzen der LPZ direkt oder durch geeignete SPDs an den Potentialausgleich angeschlossen werden.

- Der Einsatz von isolierenden Schnittstellen an den Grenzen der LPZ ist zu planen.

- Das elektronische System muss in das Potentialausgleichsnetzwerk integriert werden.

- Eine räumliche Schirmung der LPZ in Kombination mit geeigneter Leitungsführung und -schirmung soll eingeplant werden.

- Die Anforderungen an SPDs und ihre Koordinierung sind zu beachten.

- Für bestehende bauliche Anlagen müssen besondere Maßnahmen vorgesehen werden.

Die Kosten-/Nutzen-Relation für die gewählten Schutzmaßnahmen sollte mithilfe der Risikoanalyse optimiert werden. Eine abschließende Risikoanalyse muss nachweisen, dass das verbleibende Risiko kleiner als das akzeptierte Risiko ist.

Nach wesentlichen Änderungen an der baulichen Anlage oder an den Schutzmaßnahmen muss eine erneute Risikoanalyse durchgeführt werden. Abhängig von deren Ergebnis müssen erforderlichenfalls Überspannungsschutzmaßnahmen nachgerüstet oder ergänzt werden.

Schritt	Ziel	Maßnahme ist durchzuführen von
erste Risikoanalyse[1]	Prüfung der Notwendigkeit eines LEMP-Schutzes auf der Basis des akzeptierbaren Risikos. Falls erforderlich, sind geeignete SPM anhand einer Risikobewertung auszuwählen. Prüfung der Verminderung des Risikos nach jeder schrittweise vorgenommenen Schutzmaßnahme	• Blitzschutz-Fachkraft[2], • Eigentümer
abschließende Risikoanalyse[1]	Das Kosten-/Nutzen-Verhältnis für die ausgewählten Schutzmaßnahmen sollte noch einmal mit einer Risikobewertung optimiert werden. Als Ergebnis werden bestimmt: • LPL und die Blitzparameter, • LPZ und deren Grenzen	• Blitzschutz-Fachkraft[2], • Eigentümer
SPM-Planung	Definition der SPM: • räumliche Schirmung, • Potentialausgleichsnetzwerke, • Erdungsanlagen, • Leitungsführung und -schirmung, • Schirmung der eintretenden Versorgungsleitungen, • koordiniertes SPD-System, • isolierende Schnittstellen	• Blitzschutz-Fachkraft, • Eigentümer, • Architekt, • Planer der inneren Systeme, • Planer maßgeblicher Installationen
SPM-Auslegung	Allgemeine Zeichnungen und Beschreibungen, Vorbereitung der Ausschreibungsunterlagen, Detailzeichnungen und Zeitpläne für die Installation	• Ingenieurbüro oder gleichwertig
Installation der SPM und Überprüfung	Qualität der Installation, Dokumentation, mögliche Revision von Detailzeichnungen	• Blitzschutz-Fachkraft, • Errichter der SPM, • Ingenieurbüro, • Prüfungsbeauftragter
SPM-Abnahme	Prüfung und Dokumentation des Zustands des Systems	• unabhängige Blitzschutz-Fachkraft, • Prüfungsbeauftragter
wiederkehrende Prüfungen	Sicherstellung von angemessenen SPM	• Blitzschutz-Fachkraft, • Prüfungsbeauftragter

[1] siehe DIN EN 62305-2 (VDE 0185-305-2)
[2] mit fundierten Kenntnissen der EMV und der Installationspraxis

Tabelle 3.1 SPM-Managementplan für neue Gebäude und für umfassende Änderungen des Aufbaus oder der Nutzung von Gebäuden (Quelle: DIN EN 62305-4 (VDE 0185-305-4), Tabelle 2 [3.3])

3.4 Erdungs- und Potentialausgleichssysteme

Ein vollständiges Erdungssystem (**Bild 3.3**) besteht aus der Erdungsanlage (in Kontakt mit der Erde) und aus dem Potentialausgleichsnetzwerk (nicht in Kontakt mit der Erde). Abschnitt 5 der DIN EN 62305-4 (**VDE 0185-305-4**) erklärt die wesentlichen Begriffe zu Erdung und Potentialausgleich.

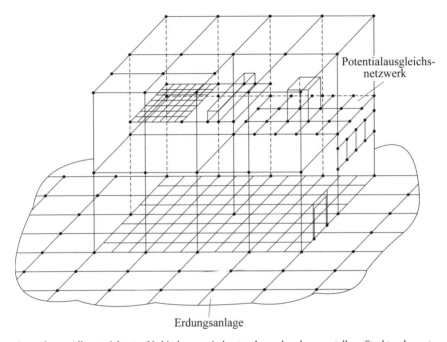

Potentialausgleichs-
netzwerk

Erdungsanlage

Anmerkung: Alle gezeichneten Verbindungen sind entweder verbundene, metallene Strukturelemente oder Potentialausgleichsverbindungen. Einige davon können auch als Fangeinrichtung, Ableitung oder Erder verwendet werden.

Bild 3.3 Beispiel für ein dreidimensionales Erdungssystem als Kombination eines Potentialausgleichsnetzwerks und einer Erdungsanlage
(Quelle: DIN EN 62305-4 (**VDE 0185-305-4**), Bild 5 [3.3])

Die Hauptaufgabe der Erdungsanlage ist es, einen größtmöglichen Anteil des Blitzstroms in die Erde abzuleiten, ohne gefährliche Potentialdifferenzen in der Erdungsanlage entstehen zu lassen. Dies wird durch ein vermaschtes Netzwerk mit einer typischen Maschenweite von 5 m unterhalb und um die bauliche Anlage herum erreicht. Darin einbezogen werden Ringerder, Fundamenterder, die Betonbewehrung im Boden des Fundaments sowie metallene Kabelkanäle oder gitterförmig armierte Betonkanäle zwischen verbundenen Bauteilen. Ein Beispiel hierzu zeigt **Bild 3.4**.

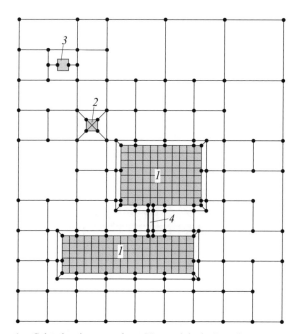

1   Gebäude mit vermaschtem Netzwerk in der Bewehrung,
2   Turm innerhalb des Geländes,
3   allein stehendes Gerät,
4   Kabeltrasse

Bild 3.4 Grundriss einer vermaschten Erdungsanlage eines Fabrikgeländes
(Quelle: DIN EN 62305-4 (**VDE 0185-305-4**), Bild 6 [3.3])

Die Hauptaufgabe des Potentialausgleichsnetzwerks ist es, in den inneren LPZ gefährliche Potentialdifferenzen zwischen allen Geräten zu vermeiden und das magnetische Feld zu reduzieren. Das erforderliche niederinduktive Potentialausgleichsnetzwerk entsteht durch die vielfache Verbindung aller metallenen Komponenten (z. B. elektromagnetische Schirme der LPZ, Betonbewehrung, Aufzugschienen, Krane, metallene Böden, metallene Bodenrahmen, Versorgungsleitungen, Kabeltrassen, Schutzleiter PE). Es entsteht so ein dreidimensionales, vermaschtes Potentialausgleichsnetzwerk mit einer typischen Maschenweite von 5 m.

Ein Beispiel unter Einbezug der Bewehrung zeigt **Bild 3.5**. Potentialausgleichsschienen sind zu installieren, damit Schränke, Gehäuse und Gestelle von elektronischen Systemen in das Potentialausgleichsnetzwerk integriert und elektrische, elektronische und metallene Versorgungsleitungen an den Grenzen der LPZ an den Potentialausgleich angeschlossen werden können. Alle Potentialausgleichsschienen müssen mit dem Potentialausgleichsnetzwerk auf kürzestmöglichem Weg (durch Erdungsleiter typisch nicht länger als 1 m) verbunden werden.

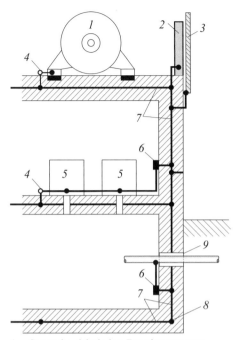

1   Geräte der elektrischen Energieversorgung,
2   Stahlträger,
3   metallene Verkleidung der Fassade,
4   Anschluss für den Potentialausgleich,
5   elektrische oder elektronische Geräte,
6   Potentialausgleichsschiene,
7   Bewehrung im Beton (mit überlagertem Maschengitter),
8   Fundamenterder,
9   gemeinsame Eintrittsstelle für verschiedene Versorgungsleitungen

Bild 3.5 Potentialausgleich in einer baulichen Anlage unter Nutzung der Bewehrung
(Quelle: DIN EN 62305-4 (**VDE 0185-305-4**), Bild 8 [3.3])

3.5   Potentialausgleich an den Grenzen von LPZ

Der Potentialausgleich für alle metallenen Teile und Versorgungsleitungen (z. B.
metallene Rohre, elektrische Energie- oder Datenleitungen), die an der Grenze einer
inneren LPZ eintreten, ist die wichtigste Maßnahme, um das Eindringen leitungs-
gebundener Störungen zu vermeiden. Ein Beispiel für ein Bürogebäude zeigt **Bild 3.6**.
Dazu müssen alle eintretenden Leitungen möglichst nahe der Eintrittsstelle an eine
Potentialausgleichsschiene angeschlossen werden. Leitungen, die betriebsmäßig nicht
spannungs- oder Strom führend sind (z. B. metallene Rohre, Kabelschirme), werden
direkt angeschlossen. Die aktiven Leiter von elektrischen Energie- oder Datenlei-

tungen werden über SPDs angeschlossen, die eine für ihren Einbauort ausreichende Energietragfähigkeit haben müssen. Die SPDs an den Grenzen verschiedener LPZ müssen untereinander und mit den zu schützenden Geräten koordiniert werden (siehe Kapitel 3.7).

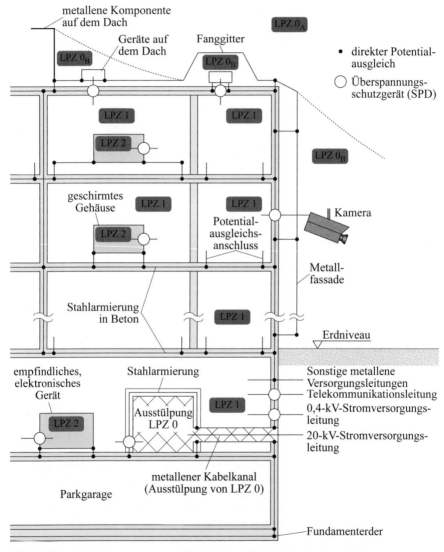

Bild 3.6 Beispiel für Blitzschutzzonen (LPZ), Schirmung, Potentialausgleich und Erdung an einem Bürogebäude (Quelle: DIN EN 62305-4 (**VDE 0185-305-4**), Bild A.6 [3.3])

3.6   Schirmung und Leitungsführung für elektronische Systeme

Das magnetische Feld, das von direkten oder nahen Blitzeinschlägen innerhalb einer LPZ erzeugt wird, kann nur durch räumliche Schirmung der LPZ reduziert werden. Andererseits können Spannungen und Ströme, die in dem elektrischen oder elektronischen System induziert werden, durch räumliche Schirmung, durch Leitungsführung und -schirmung oder durch Kombination beider Maßnahmen reduziert werden.

Große räumliche Schirme von inneren LPZ sind in der Praxis üblicherweise aus natürlichen Komponenten der baulichen Anlage aufgebaut, z. B. der metallenen Bewehrung in Decken, Wänden und Böden, metallenen Rahmen, Dächern und Fassaden (Beispiele siehe Bild 3.5 und Bild 3.6). Diese Komponenten bilden einen gitterförmigen räumlichen Schirm. Weil der Blitzstrom Frequenzanteile bis zu einigen Megahertz enthält, erfordert eine wirksame Schirmung typische Maschenweiten kleiner als 5 m. Elektronische Systeme dürfen nur innerhalb eines Sicherheitsvolumens aufgestellt werden, das den Sicherheitsabstand d_s vom Schirm als Schutz gegen zu hohe Magnetfelder einhält (**Bild 3.7**).

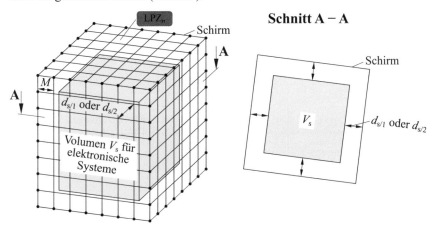

Das Volumen V_s für die Installation von elektronischen Systemen muss einen Sicherheitsabstand von $d_{s/1}$ (bei einer LPZ 1) oder $d_{s/2}$ (bei einer LPZ 2) vom Schirm der LPZ einhalten.

Bild 3.7 Aufstellungsbereich (Sicherheitsvolumen) für elektronische Systeme innerhalb einer LPZ (Quelle: DIN EN 62305-4 (**VDE 0185-305-4**), Bild A.4 [3.3])

Durch geeignete Leitungsführung (also durch Minimieren der Fläche von Leiterschleifen) oder durch geschirmte Kabel oder Kabelkanäle (also durch Minimieren der Induktionswirkung innen) können induzierte Spannungen oder Ströme weiter vermindert werden (**Bild 3.8**).

Die DIN EN 62305-4 (**VDE 0185-305-4**) gibt zu allen Bereichen der Schirmung, Leitungsschirmung und Leitungsführung weitere ausführliche Informationen zu den Themen Auslegung, Installationsregeln und zur Berechnung von Magnetfeldern und von induzierten Spannungen oder Strömen.

a)

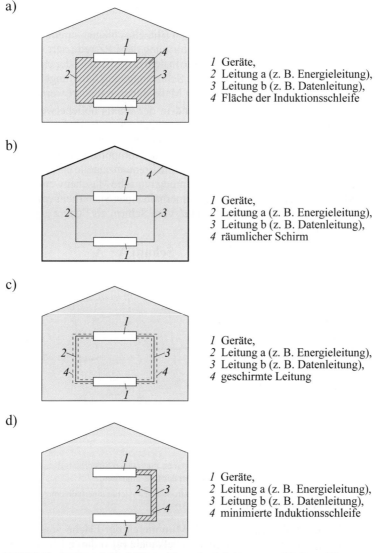

1 Geräte,
2 Leitung a (z. B. Energieleitung),
3 Leitung b (z. B. Datenleitung),
4 Fläche der Induktionsschleife

b)

1 Geräte,
2 Leitung a (z. B. Energieleitung),
3 Leitung b (z. B. Datenleitung),
4 räumlicher Schirm

c)

1 Geräte,
2 Leitung a (z. B. Energieleitung),
3 Leitung b (z. B. Datenleitung),
4 geschirmte Leitung

d)

1 Geräte,
2 Leitung a (z. B. Energieleitung),
3 Leitung b (z. B. Datenleitung),
4 minimierte Induktionsschleife

Bild 3.8 Verringerung der Induktionswirkung durch Schirmung und Leitungsführung –
a)   ungeschütztes System,
b)   Verringerung des Magnetfelds innerhalb einer LPZ durch räumliche Schirmung der LPZ,
c)   Verringerung der Magnetfeldwirkung durch geschirmte Leitungen,
d)   Verringerung der Induktionsschleife durch geeignete Leitungsführung
(Quelle: DIN EN 62305-4 **(VDE 0185-305-4)**, Bild A.5 [3.3])

3.7 Anforderungen an Überspannungsschutzgeräte

Im Rahmen des Blitzschutzzonenkonzepts werden SPDs an den Grenzen der Blitzschutzzonen und an zu schützenden Geräten eingesetzt. Zum einen müssen diese SPDs für die an ihrem Einbauort fließenden Ströme ausgelegt sein, zum anderen müssen aufeinanderfolgend installierte SPDs untereinander und mit den zu schützenden Geräten koordiniert werden. Die Koordination muss also mehrere Rahmenbedingungen erfüllen.

Für die erste Aufgabe muss die Aufteilung des Blitzstroms an den Eintrittsstellen der Versorgungsleitungen in die bauliche Anlage bestimmt werden, was durch die in DIN EN 62305-1 (**VDE 0185-305-1**) [3.5], Anhang E angegebene näherungsweise Abschätzung erfolgen kann (Kapitel 3.8 in [3.2]) oder mithilfe einer numerischen Simulation gemäß einem Vorgehen nach Beiblatt 1 zu DIN EN 62305-4 (**VDE 0185-305-4**) [3.11].

Bild 3.9 zeigt ein typisches Beispiel, das in [3.11] behandelt wird. Der Blitzeinschlag wird in einen Mast einer Niederspannungsfreileitung der Energieversorgung zwischen Gebäude und Transformator angenommen. Gesucht ist nun die Blitzstrombelastung für die SPDs am Eingang der Versorgungsleitung in das Gebäude. **Bild 3.10** gibt das vereinfachte elektrische Ersatzschaltbild für diesen Fall wieder; **Bild 3.11** zeigt dann die relevanten Blitzteilströme. Der Gesamtstrom wird zu 100 kA angesetzt; die Rechnung erfolgt für einen positiven Erstblitz nach DIN EN 62305-1 (**VDE 0185-305-1**) (siehe Kapitel 3.6). Man erkennt, dass der Blitzteilstrom in einem Leiter der vieradrigen Energieversorgungsleitung hier etwa 5 % des Gesamtstroms beträgt.

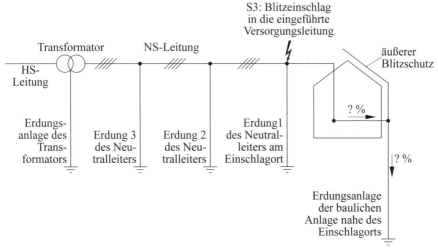

Bild 3.9 Beispiel zur Berechnung der Blitzstrombelastung an den Eingängen einer Versorgungsleitung in eine bauliche Anlage
(Quelle: Beiblatt 1 zu DIN EN 62305-4 (**VDE 0185-305-4**), Bild A.16a [3.11])

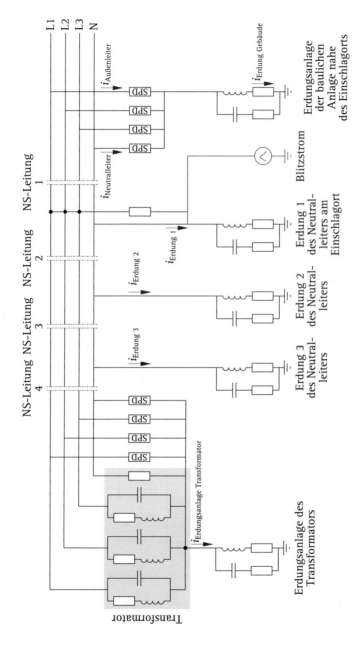

Bild 3.10 Elektrisches Ersatzschaltbild zu Bild 3.9
(Quelle: Beiblatt 1 zu DIN EN 62305-4 **(VDE 0185-305-4)**, Bild A.16b [3.11])

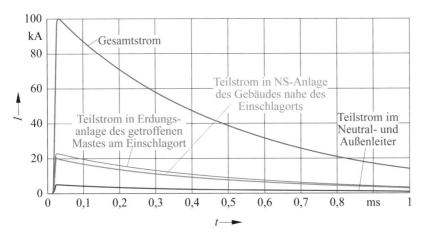

Bild 3.11 Blitzteilströme für den Fall aus Bild 3.9
(Quelle: Beiblatt 1 zu DIN EN 62305-4 (**VDE 0185-305-4**), Bild A.17 [3.11])

Dies ist dann auch die Belastung für das dort eingesetzte SPD. Im Falle einer Einstufung in den LPL III mit einem Scheitelwert des positiven Erstblitzes von 100 kA wäre dies also eine Belastung des SPD von 5 kA der Stromform 10/350 μs.

Mit dem Verfahren der numerischen Simulation lassen sich nun vielfältige Einflussfaktoren untersuchen: Blitzeinschlagstellen, zeitliche Verläufe der Blitz(teil)ströme, Netzform der Niederspannungsanlage, Kabelimpedanzen, Transformatorimpedanzen, Erdungswiderstände, parallele Verbraucher, besondere bauliche Anlagen (Hochhaus, dachmontierte PV-Anlagen) usw. Weiterhin lässt sich das Verfahren grundsätzlich auch in den inneren Bereich der baulichen Anlage fortsetzen. Dies ist allerdings höchst kompliziert und bedarf einer genauen Kenntnis der elektrischen Leitungen und ihrer Lage und Geometrie innerhalb der baulichen Anlage, der Erdungs- und Potentialausgleichsverhältnisse in der baulichen Anlage, der angeschlossenen Geräte usw. Eine solche Erweiterung wird deshalb ganz speziellen Einzelfällen vorbehalten bleiben.

Nach der Abschätzung oder Berechnung der Blitzteilströme an den Versorgungsleitungseingängen können die für den jeweiligen Einbauort geeigneten SPDs ausgewählt werden. Wichtig ist, dass an der Eintrittsstelle von Leitungen, die aus der LPZ 0_A kommen und Blitzteilströme führen können, SPDs mit Klasse-I-Prüfung eingesetzt werden müssen (Blitzstromableiter). Für die übrigen SPDs genügt üblicherweise die Prüfung nach Klasse II oder III [3.12, 3.13].

Die energetische Koordination der SPDs geschieht nach folgenden Prinzipien:

* Koordination der Spannungs-/Strom-Kennlinien der SPDs,
* Entkopplung durch gesonderte Elemente, z. B. Widerstände oder Induktivitäten (**Bild 3.12**),
* Koordination durch getriggerte SPDs.

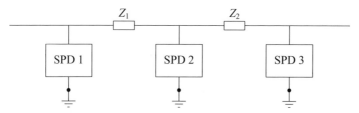

Bild 3.12 Grundsätzlicher Aufbau eines gestaffelten Überspannungsschutzes [3.16]

Das Ziel der Koordination ist es, alle betroffenen SPDs und Geräteeingänge unter Berücksichtigung ihres Ansprechverhaltens und ihrer Kenndaten so auszulegen, dass sie energetisch nicht überlastet werden.

Zu den Themen Koordination von SPDs sowie Auswahl und Installation von SPDs muss hier auf die weiterführende Information in den einschlägigen Normen [3.12–3.15] und den Katalogen der Hersteller von Überspannungsschutzgeräten verwiesen werden. Zum Teil sind die einschlägigen Planungsinstrumente auch herstellerabhängig und damit nicht allgemeingültig.

Bei Neuinstallationen sowie bei Änderungen oder Erweiterungen in elektrischen Installationen stellt sich häufig das Problem, dass SPDs eingebaut werden sollen, die nicht vom selben Hersteller kommen. Es stellt sich die Frage, wie die Koordination zwischen diesen SPDs sichergestellt werden kann. Letztendlich liegt die Verantwortung beim Planer/Errichter, der die Installation vornimmt. Nachdem nicht erwartet werden kann, dass aufgrund der Vielzahl der weltweit am Markt befindlichen SPDs ein Hersteller selbst die Koordination für beliebige Kombinationen mit SPDs anderer Hersteller garantieren kann (dafür wären jeweils aufwendige Versuche oder Berechnungen erforderlich), hat der Ausschuss für Blitzschutz und Blitzforschung (ABB) des VDE dazu eine Empfehlung herausgegeben [3.16]:

- Eine generelle Koordination von SPD 1 (SPD geprüft nach Klasse I) und SPD 2 (SPD geprüft nach Klasse II) ist nur bei „klassischen" Funkenstrecken als SPD 1 möglich. Unter „klassischen" Funkenstrecken sind SPDs zu verstehen, die keine speziellen Maßnahmen zur internen Triggerung oder zur Netzfolgestrombegrenzung aufweisen. Eine Koordination ist dann gegeben, wenn die Vorgaben des Herstellers von SPD 1 (Mindestentkopplung Z_1 und Mindestnennstrom I_n für SPD 2) eingehalten sind.

- In allen anderen Fällen kann eine Koordination ohne spezielle Berechnungen oder einen Labortest nicht angenommen werden. Bei einem spannungsschaltenden SPD 1 sind heute die Technologien zur Triggerung und zur Netzfolgestrombegrenzung der einzelnen Hersteller zu unterschiedlich, um eine generelle Koordination garantieren zu können. Beim Einsatz von spannungsbegrenzenden Komponenten in SPD 1 (z. B. Varistoren) ist die Koordination extrem von diversen Parametern der Komponenten in SPD 1 und SPD 2 abhängig, was eine generelle Koordination praktisch ausschließt.

- Wird eine ausreichende Entkopplung Z_2 zu einem SPD 2 eingehalten (typisch 10 µH oder 10 m Leitungslänge), sollte zu beliebigen SPDs 3 (SPD geprüft nach Klasse III) eine ordnungsgemäße Koordination gegeben sein. In der Regel wird nach einem SPD 2 eine Verzweigung auf mehrere Leitungen vorliegen und somit eine Stromaufteilung auf mehrere SPDs 3 erfolgen. Hauptaufgabe der SPDs 3 ist nicht die Übernahme von Blitzteilströmen, sondern die Begrenzung relativ energieschwacher Überspannungen, die nach einem SPD 2 noch in die Installation induziert werden. In diesen Fällen ist es ausreichend, nur an den Stellen SPD 1 und SPD 2 Geräte eines Herstellers einzusetzen, für deren Koordination der Hersteller dann auch eine Garantie gibt.

- Dies bedeutet auch, dass nach einem SPD Typ 1 nahe der Hauseinführung oder in der Hauptverteilung (**Bild 3.13**) in jedem Abzweig (z. B. zu einer Unterverteilung) für das jeweils erste nachfolgende SPD Typ 2 die Koordination nachgewiesen sein muss. Alle weiteren SPDs (Typ 2 oder Typ 3) können von unterschiedlichen Herstellern sein. Die Bemessungsspannung U_c dieser nachfolgenden SPDs (SPD 3) sollte größer oder gleich der Bemessungsspannung des vorangehenden SPD 2 sein, um eine Überlastung sicher auszuschließen.

Die Normung zu Überspannungsschutzgeräten ist nach wie vor stark in Bewegung; sie muss auch stets auf neue technische Anforderungen reagieren (z. B. für DC-Anwendungen im Falle von Photovoltaik- oder Windenergieanlagen). Eine kurze Zusammenfassung des aktuellen Stands dieses Normungsbereichs geben Kapitel 2.6 in [3.2] und [3.17, 3.18].

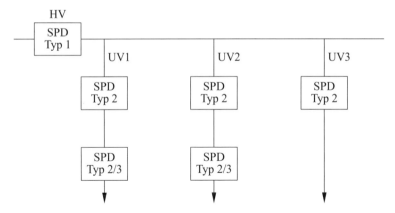

Bild 3.13 Koordination von SPDs Typ 1, 2, 3 (geprüft nach Klasse I, II, III) [3.16]

3.8   Schutz von Geräten in bestehenden baulichen Anlagen

In bestehenden baulichen Anlagen müssen die Blitzschutzmaßnahmen die vorhandene Konstruktion und vorgegebene Bedingungen von baulichen Anlagen und von bestehenden elektrischen und elektronischen Systemen berücksichtigen. Deshalb sind dort die systematische Planung für das Blitzschutzzonenkonzept und für Erdung, Potentialausgleich, Leitungsführung und -schirmung besonders wichtig. DIN EN 62305-4 (**VDE 0185-305-4**) hilft anhand einer passenden Checkliste (**Tabelle 3.2**), die speziellen Punkte zu erkennen und die kostengünstigsten Maßnahmen für den Schutz von elektrischen und elektronischen Systemen zu finden. Die Checkliste erleichtert auch die Risikoanalyse und die Auswahl der am besten geeigneten Schutzmaßnahmen.

Abschließend werden in DIN EN 62305-4 (**VDE 0185-305-4**), Anhang B wertvolle Hinweise zu den besonderen Bedingungen bei bestehenden baulichen Anlagen gegeben, die folgende Themen umfassen:

• Installation eines koordinierten SPD-Systems,

• Aufrüstung eines bestehenden äußeren Blitzschutzes zum räumlichen Schirm von LPZ 1,

• Aufbau von Blitzschutzzonen für elektrische und elektronische Systeme,

• Schutz durch ein Potentialausgleichsnetzwerk,

• Schutz durch Überspannungsschutzgeräte,

• Schutz durch isolierende Schnittstellen,

• Schutz durch Leitungsführung und -schirmung,

• Schutzmaßnahmen für außen angebrachte Geräte,

• Aufrüstung von Verbindungsleitungen zwischen baulichen Anlagen,

• Integration von neuen elektronischen Systemen,

• Aufrüstung von Energieversorgung und Kabelinstallation.

Punkt	**Strukturelle Kenndaten und Umgebungsbedingungen**
1	Mauerwerk, Ziegel, Holz, armierter Beton, Stahlskelett, metallene Fassaden?
2	Einzelne bauliche Anlage oder miteinander verbundene Blöcke mit Dehnungsfugen?
3	Ausgedehnte niedrige oder hochragende bauliche Anlagen? (Dimensionen der baulichen Anlage)
4	Bewehrung der baulichen Anlage überall durchverbunden?
5	Art, Typ und Qualität des metallenen Dachmaterials?
6	Metallene Fassaden in den Potentialausgleich einbezogen?
7	Metallene Fensterrahmen in den Potentialausgleich einbezogen?
8	Größe der Fenster?
9	Bauliche Anlage mit einem äußeren LPS ausgerüstet?
10	Schutzklasse und Qualität dieser LPS?
11	Material des Erdbodens (Fels, Erde)?
12	Höhe, Abstand und Erdungsanlage von benachbarten baulichen Anlagen?
Punkt	**Installationskenndaten**
1	Typ von eintretenden Versorgungsleitungen (Erdkabel oder Freileitung)?
2	Antennen oder andere außen angebrachte Geräte?
3	Typ der Energieversorgung (Hoch- oder Niederspannung, Freileitung oder Erdkabel)?
4	Leitungsführung (Anzahl und Anordnung von Steigleitungen, Kabeltrassen)?
5	Verwendung von metallenen Kabelkanälen?
6	Haben die elektronischen Geräte innerhalb der baulichen Anlage eine unabhängige Stromversorgung?
7	Gibt es metallene Verbindungen zu anderen baulichen Anlagen?
Punkt	**Gerätekenndaten**
1	Verbindungsleitungen der elektronischen Systeme (geschirmte oder ungeschirmte Mehraderkabel, Koaxialkabel, analog und/oder digital, symmetrisch oder unsymmetrisch, Lichtwellenleiter)?
2	Spezifizierter Störfestigkeitspegel der elektronischen Systeme?
Punkt	**Weitere für das Schutzkonzept wichtige Fragen**
1	Typ des Energienetzes ist TN (TN-S oder TN-C), TT oder IT?
2	Aufstellungsort der elektronischen Geräte?
3	Verbindungen von Funktionserdungsleitungen des elektronischen Systems mit dem Potentialausgleichsnetzwerk?

Tabelle 3.2 Checkliste für die Ermittlung von Daten zum LEMP-Schutz von Geräten in bestehenden baulichen Anlagen [3.4]

3.9　Prüfung und Wartung der Überspannungsschutzmaßnahmen

Der erreichte Schutz gegen LEMP soll durch Prüfung und Wartung aufrechterhalten bleiben. Ziel der Prüfung ist es sicherzustellen, dass die Überspannungsschutzmaßnahmen (SPM) mit den Plänen übereinstimmen, alle Komponenten ihre geplanten Funktionen erfüllen können und jede neu hinzugefügte Komponente sachgerecht in den Schutz einbezogen ist. Durchzuführen sind solche Prüfungen während und nach der Installation der SPM, periodisch, nach jeder Änderung von Komponenten, die für den Schutz gegen LEMP relevant sind und ggf. nach einem Blitzeinschlag. Die Häufigkeit von periodischen Prüfungen muss festgelegt werden unter Berücksichtigung des Gefährdungspegels, der lokalen Umgebungsbedingungen (z. B. korrosiver Boden und Atmosphäre), der Art der individuellen SPM und des Werts des akzeptierten Risikos.

Die Prüfung umfasst die Prüfung der technischen Dokumentation, Sichtprüfungen und Messungen und muss von einer Blitzschutzfachkraft durchgeführt werden. Die Vorgaben aus Beiblatt 3 zu DIN EN 62305-3 (**VDE 0185-305-3**) [3.19] sind sinngemäß anzuwenden.

Die Sichtprüfung soll sicherstellen, dass alle Schutzeinrichtungen eingebaut und angeschlossen sind, alle Potentialausgleichsleitungen und Kabelschirme unbeschädigt und angeschlossen sind, es keine lockeren Verbindungen oder Unterbrechungen gibt, kein Teil des Systems durch Korrosion beschädigt ist, keine unzulässigen Erweiterungen oder Änderungen vorgenommen wurden, es keine Schäden an SPDs und deren Abtrennvorrichtungen gibt, die Leitungsführung erhalten geblieben ist und die Sicherheitsabstände eingehalten sind. An den Teilen, die einer Sichtprüfung nicht zugänglich sind, müssen die Prüfungen durch Durchgangsmessungen vervollständigt werden.

Der Prüfer muss einen Prüfbericht erstellen, der der technischen Dokumentation und den vorhergehenden Prüfberichten hinzugefügt werden muss. Dieser Bericht muss mind. enthalten: den allgemeinen Zustand der SPM, jede Abweichung von der technischen Dokumentation und die Ergebnisse der durchgeführten Messungen.

Nach einer Prüfung müssen alle festgestellten Mängel unverzüglich beseitigt werden. Wenn nötig, muss auch die technische Dokumentation auf den neuesten Stand gebracht werden.

3.10 Abschätzung der elektromagnetischen Umgebung in einer LPZ

Mithilfe von DIN EN 62305-4 (**VDE 0185-305-4**) [3.3], Anhang A kann die Belastung durch magnetische Felder im Inneren einer baulichen Anlage für den Fall des direkten und des nahen Blitzeinschlags abgeschätzt werden. Daraus ergibt sich dann auch die Möglichkeit, Spannungen und Ströme an einer Induktionsschleife zu berechnen. Solche Berechnungen sind aufwendig und bedürfen der Kenntnis etlicher Parameter; sie sind daher auch wenigen Anwendungsfällen vorbehalten. Im Folgenden erfolgt daher nur eine sehr grobe Beschreibung. Im Detail wird auf die DIN EN 62305-4 (**VDE 0185-305-4**), Anhang A und die VDE-Schriftenreihe Band 185 [3.9] verwiesen.

3.10.1 Magnetisches Feld innerhalb einer LPZ

Ein gitterförmiger, elektromagnetischer Schirm eines Gebäudes kann Teil eines äußeren Blitzschutzsystems sein. Zur Beschreibung der Wirksamkeit dieses Schirms (LPZ 1) ist grundsätzlich zu unterscheiden in den Fall des direkten Blitzeinschlags in das Gebäude und den nahen Blitzeinschlag in die Umgebung. Im Falle eines direkten Blitzeinschlags fließen Blitzströme in dem Schirm; dieser Fall ist in **Bild 3.14** dargestellt.

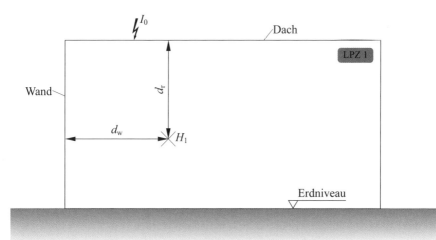

Anmerkung: Die Abstände d_w und d_r sind auf den betrachteten Punkt bezogen.

Bild 3.14 Berechnung der magnetischen Feldstärke bei direktem Blitzeinschlag (Quelle: DIN EN 62305-4 (**VDE 0185-305-4**), Bild A.7a [3.3])

Zur Beschreibung der „Wirkung" des Schirms einer LPZ 1 reicht im blitzrelevanten Frequenzbereich die Berechnung der magnetischen Feldstärke aus. Für diese magnetische Feldstärke H_1 in einem bestimmten Punkt innerhalb von LPZ 1 gilt:

$$H_1 = k_H \cdot I_0 \cdot w / \left(d_w \cdot \sqrt{d_r} \right) \text{ in A/m} \tag{3.1}$$

mit:

d_r kürzester Abstand zwischen dem betrachteten Punkt und dem Dach der geschirmten LPZ 1 im Meter,

d_w kürzester Abstand zwischen dem betrachteten Punkt und der Wand der geschirmten LPZ 1 in Meter,

I_0 Blitzstrom in LPZ 0_A in Ampere,

k_H Geometriefaktor, Wert $k_H = 0{,}01$ in $\left(1/\sqrt{m} \right)$,

w Maschenweite des gitterförmigen Schirms der LPZ 1 in Meter.

Die Situation für den gleichen Schirm im Falle eines nahen Blitzeinschlags ist in **Bild 3.15** dargestellt. Hier ist der Schirm nicht vom Blitzstrom durchflossen; vielmehr kann das einfallende magnetische Feld um das geschirmte Volumen von LPZ 1 als ebene Welle angenähert werden. Das einfallende Magnetfeld H_0 ist zu berechnen mit:

$$H_0 = I_0 / \left(2\pi \cdot s_a \right) \text{ in A/m} \tag{3.2}$$

mit:

I_0 Blitzstrom in LPZ 0_A in Ampere,

s_a Abstand zwischen dem Einschlagpunkt und dem Mittelpunkt des geschirmten Volumens in Meter.

Die Verringerung von H_0 zu H_1 innerhalb der LPZ 1 kann dann mit einem Schirmfaktor bestimmt werden (**Tabelle 3.3**). Es ergibt sich:

$$H_1 = H_0 / 10^{SF/20} \text{ in A/m} \tag{3.3}$$

mit:

SF Schirmfaktor nach Tabelle 3.3 in Dezibel,

H_0 magnetisches Feld in LPZ 0 in A/m.

Beinhaltet eine bauliche Anlage noch eine weitere Blitzschutzzone LPZ 2, fließen dort keine wesentlichen Anteile von Blitzströmen mehr. Deshalb kann dafür in erster Näherung die Reduzierung von H_1 auf H_2 innerhalb der LPZ *2* analog dem Vorgehen für nahe Blitzeinschläge gemäß (Gl. 3.3) berechnet werden:

$$H_2 = H_1 / 10^{SF/20} \text{ in A/m} \tag{3.4}$$

mit:

SF Schirmfaktor für die LPZ 2 nach Tabelle 3.3 in Dezibel,

H_1 magnetisches Feld in LPZ 1 in A/m.

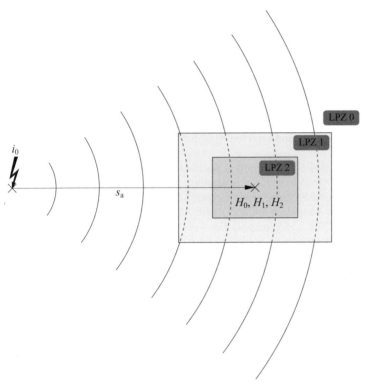

Bild 3.15 Berechnung der magnetischen Feldstärke bei nahem Blitzeinschlag
(Quelle: DIN EN 62305-4 (**VDE 0185-305-4**), Bild A.8 [3.3])

Werkstoff	SF in dB	
	25 kHz (gültig für den positiven ersten Teilblitz)	1 MHz (gültig für Folgeblitze)
Kupfer oder Aluminium	$20 \cdot \log(8,5/w)$	$20 \cdot \log(8,5/w)$
Stahl (siehe Anmerkung 3)	$20 \cdot \log\left[(8,5/w)\big/ \sqrt{1+18 \cdot 10^{-6}/r^2} \right]$	$20 \cdot \log(8,5/w)$

w Maschenweite des gitterförmigen Schirms in Meter,
r Radius eines Stabs des gitterförmigen Schirms in Meter,
Anmerkung 1: $SF = 0$, wenn das Ergebnis der Formeln negativ wird,
Anmerkung 2: SF erhöht sich um 6 dB, wenn ein vermaschtes Potentialausgleichsnetzwerk nach [3.3] installiert ist,
Anmerkung 3: Permeabilität $\mu_r \approx 200$

Tabelle 3.3 Schirmfaktor von gitterförmigen räumlichen Schirmen gegen eine ebene Welle

(Gl. 3.4) zur Berechnung der weiteren Reduzierung des magnetischen Felds in einer nachgeordneten LPZ 2 gilt dabei gleichermaßen für den Fall des direkten Blitzeinschlags in eine LPZ *1* wie auch für den Fall des nahen Blitzeinschlags. Weitere, noch höherrangige, Blitzschutzzonen (LPZ 3 … *n*) können analog zur Vorgehensweise für die LPZ *2* nach (Gl. 3.4) berücksichtigt werden. Die einzelnen Schirmwirkungen der nachgeordneten LPZ überlagern sich dabei, d. h., die Schirmfaktoren multiplizieren sich.

3.10.2 Berechnung von induzierten Spannungen und Strömen

Üblicherweise ist die alleinige Kenntnis des magnetischen Felds nicht ausreichend. Weitaus mehr von Interesse sind die Spannungen und/oder die Ströme an den Eingängen der Geräte und Systeme. Eine Berechnung dieser induzierten Spannungen und Ströme in einer baulichen Anlage ist im Allgemeinen nur mit extrem hohem Aufwand und unter Nutzung von speziellen Feldberechnungsprogrammen möglich. Für den Fall von rechteckigen Schleifen nach **Bild 3.16** ist jedoch eine einfache Abschätzung möglich; ggf. können andere Schleifenanordnungen in rechteckige Schleifen mit gleicher Fläche umgewandelt werden.

Für den Fall des direkten Blitzeinschlags in den Schirm der LPZ 1 gilt für das magnetische Feld H_1 innerhalb des Volumens der LPZ 1 der Zusammenhang nach (Gl. 3.1). Wird die zeitliche Änderung des magnetischen Felds über die Fläche der Leiterschleife integriert, ergibt sich für die Leerlaufspannung U_{oc}:

$$U_{oc} = \mu_0 \cdot b \cdot \ln\left(1 + l/d_{l/w}\right) \cdot k_H \cdot \left(w/\sqrt{d_{l/r}}\right) \cdot dI_0/dt \text{ in Volt.} \tag{3.5}$$

Während der Stirnzeit T_1 tritt der maximale Wert $U_{oc/max}$ auf:

$$U_{oc/max} = \mu_0 \cdot b \cdot \ln\left(1 + l/d_{l/w}\right) \cdot k_H \cdot \left(w/\sqrt{d_{l/r}}\right) \cdot I_{0/max}/T_1 \text{ in Volt.} \tag{3.6}$$

mit:

μ_0 $4\pi \cdot 10^{-7}$ in Vs/Am,

b Breite der Leiterschleife in Meter,

$d_{l/w}$ Abstand der Leiterschleife von der Wand des Schirms in Meter,

$d_{l/r}$ mittlerer Abstand der Leiterschleife von der Decke des Schirms in Meter;

I_0 Blitzstrom in LPZ 0_A in Ampere,

$I_{0/max}$ Höchstwert des Blitzstroms in LPZ 0_A in Ampere,

k_H Geometriefaktor, Wert $k_H = 0{,}01$ in $\left(1/\sqrt{m}\right)$,

l Länge der Leiterschleife in Meter,

T_1 Stirnzeit des Blitzstroms in LPZ 0_A in Sekunden,

w Maschenweite des gitterförmigen Schirms in Meter.

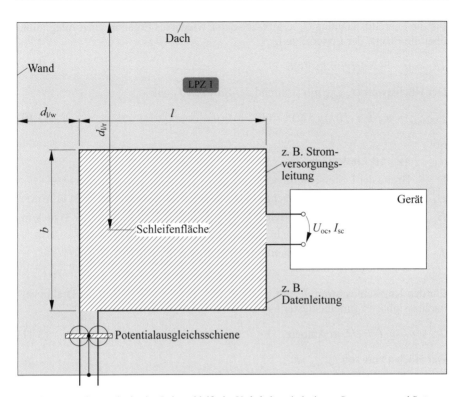

Bild 3.16 Berechnung der in eine Leiterschleife der Verkabelung induzierten Spannungen und Ströme (Quelle: DIN EN 62305-4 (**VDE 0185-305-4**), Bild A.14 [3.3])

Wird die Leiterschleife kurzgeschlossen, gilt für den Kurzschlussstrom I_{sc}, solange der ohmsche Widerstand des Drahts vernachlässigbar ist (ungünstigster Fall):

$$I_{sc} = \mu_0 \cdot b \cdot \ln\left(1 + l/d_{l/w}\right) \cdot k_H \cdot \left(w/\sqrt{d_{l/r}}\right) \cdot I_0/L \text{ in Ampere.} \tag{3.7}$$

Der maximale Wert $I_{sc/max}$ ist:

$$I_{sc/max} = \mu_0 \cdot b \cdot \ln\left(1 + l/d_{l/w}\right) \cdot k_H \cdot \left(w/\sqrt{d_{l/r}}\right) \cdot I_{0/max}/L \text{ in Ampere.} \tag{3.8}$$

Dabei ist L die Eigeninduktivität der Leiterschleife in Henry.

Soll der Fall eines nahen Blitzeinschlags und die dann auftretenden Spannungen und Ströme innerhalb der LPZ 1 untersucht werden, wird zunächst angenommen, dass das magnetische Feld H_1 innerhalb des Volumens V_s der LPZ 1 homogen ist.

Für die Leerlaufspannung U_{oc} ergibt sich dann, wieder als Ergebnis einer Integration, über die Fläche der Leiterschleife:

$$U_{oc} = \mu_0 \cdot b \cdot l \cdot dH_1/dt \text{ in Volt.} \tag{3.9}$$

Der Höchstwert $U_{oc/max}$ tritt während der Stirnzeit T_1 auf:

$$U_{oc/max} = \mu_0 \cdot b \cdot l \cdot H_{1/max}/T_1 \text{ in Volt} \tag{3.10}$$

mit:

μ_0 $4\pi \cdot 10^{-7}$ in Vs/Am,

b Breite der Leiterschleife in Meter,

H_1 zeitabhängiges magnetisches Feld innerhalb LPZ 1 nach (Gl. 3.3) in A/m,

$H_{1/max}$ Höchstwert des magnetischen Felds innerhalb LPZ 1 nach (Gl. 3.3) in A/m,

l Länge der Leiterschleife in Meter,

T_1 Stirnzeit des magnetischen Felds, identisch mit der Stirnzeit des Blitzstroms in Sekunde.

Für den Kurzschlussstrom I_{sc} gilt, solange der ohmsche Widerstand der Drähte vernachlässigbar ist (ungünstigster Fall):

$$I_{sc} = \mu_0 \cdot b \cdot l \cdot H_1/L \text{ in Ampere.} \tag{3.11}$$

Der Höchstwert von $I_{sc/max}$ ist:

$$I_{sc/max} = \mu_0 \cdot b \cdot l \cdot H_{1/max}/L \text{ in Ampere.} \tag{3.12}$$

Dabei ist L wiederum die Eigeninduktivität der Leiterschleife in Henry.

Weist die bauliche Anlage eine weitere Blitzschutzzone LPZ 2 auf, kann das magnetische Feld H_2 innerhalb LPZ 2 ebenfalls wieder als homogen angenommen werden. Dann gelten zur Bestimmung der induzierten Spannungen und Ströme an Leiterschleifen, die sich vollständig innerhalb der LPZ 2 befinden, dieselben Gleichungen wie für den nahen Blitzeinschlag, da der Schirm der LPZ 2 nicht vom Blitzstrom durchflossen ist. In die Gleichungen (Gl. 3.9) bis (Gl. 3.12) muss nur anstelle von H_1 jeweils H_2 eingesetzt werden. Der Wert von H_2 ergibt sich aus (Gl. 3.4). Dieses Vorgehen für die LPZ 2 gilt sowohl für den direkten wie auch für den nahen Blitzeinschlag.

Sollen auch wieder noch höherrangige Blitzschutzzonen (LPZ 3 ... n) berücksichtigt werden, ist dies gemäß der Vorgehensweise für die LPZ 2 nach (Gl. 3.4) möglich: Die einzelnen Schirmwirkungen der nachgeordneten LPZ überlagern sich, d. h., die Schirmfaktoren multiplizieren sich. In die Gleichungen (Gl. 3.9) bis (Gl. 3.12) muss dann anstelle von H_1 jeweils H_n eingesetzt werden.

3.10.3 Fallbeispiel

Es soll zunächst in einem vom Blitz getroffenen Gebäude die Spannung an einer offenen, also leerlaufenden Schleife berechnet werden. Der Verlauf der Induktionsschleife (Innenraumkabel) im Gebäude ist in **Bild 3.17** dargestellt.

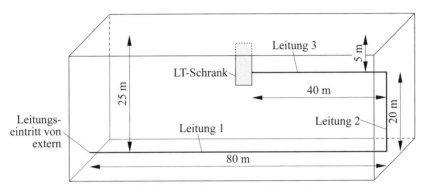

Abstand des Innenraumkabels zur Außenwand: ca. 1 m

Bild 3.17 Verlauf eines Innenraumkabels im vom Blitz direkt getroffenen Gebäude

Das Innenraumkabel kann in drei Leitungsabschnitte eingeteilt werden: Leitung 1 bis 3, deren maximale Leerlaufspannungen $U_{oc/max}$ jeweils mit Gl. (3.6) berechnet werden können. Die Gesamtspannung an dem Kabel ergibt sich dann einfach aus der Addition der drei Teilspannungen (Worst-Case-Annahme). Die Berechnung soll hier nur erfolgen für den negativen Folgeblitz, der üblicherweise zu den höchsten Spannungen führt. Der Berechnung liegen folgende Annahmen zugrunde:

μ_0 $= 4\pi \cdot 10^{-7}$ in Vs/Am,

b $= 0{,}1$ m (Breite der Leiterschleife, hier Abstand Kabel zu einer Kabelpritsche),

$d_{l/w}$ $= 1$ m (Abstand der Leiterschleife von der Wand des Schirms),

$d_{l/r}$ $= 25$ m/15 m/5 m (mittlerer Abstand der Leiterschleife von der Decke des Schirms),

$I_{0/max}$ $= 50$ kA (Höchstwert des negativen Folgeblitzes für Gefährdungspegel 1),

k_H $= 0{,}01$ in $\left(1/\sqrt{m}\right)$,

l $= 80$ m/20 m/40 m (Länge der Leiterschleife),

T_1 $= 0{,}25$ µs (Stirnzeit des negativen Folgeblitzes),

w $= 0{,}15$ m (Maschenweite des gitterförmigen Schirms der LPZ 1).

Beachtet werden muss, dass für den Leitungsabschnitt 2, die „vertikal orientierte" Schleife, die beiden Größen b und l vertauscht werden müssen. Die Berechnung erfolgt gemäß Gl. (3.6) zu:

$$U_{\mathrm{oc/max}} = \mu_0 \cdot b \cdot \ln\left(1 + l/d_{\mathrm{l/w}}\right) \cdot k_{\mathrm{H}} \cdot \left(w/\sqrt{d_{\mathrm{l/r}}}\right) \cdot I_{0/\mathrm{max}} \big/ T_1 \text{ in Volt.}$$

	b in m	l in m	$d_{\mathrm{l/w}}$ in m	$d_{\mathrm{l/r}}$ in m	$U_{\mathrm{oc/teil/max}}$ in V
Ltg. 1	0,1	80	1	25	33
Ltg. 2	20	0,1	1	15	185
Ltg. 3	0,1	40	1	5	62

Damit ergibt sich als Gesamtspannung $U_{\mathrm{oc/max}} = 280$ V. Es wird deutlich, dass der größte Teil dieser Spannung am vertikal orientierten Leitungsabschnitt 2, der relativ nahe an der Außenwand verläuft, erzeugt wird. Daneben wird ebenfalls deutlich, dass der Spannungsanteil umso größer wird, je näher an der Decke der Leitungsabschnitt verläuft.

Wird beim gleichen Gebäude und der gleichen Induktionsschleife nach Bild 3.17 nun angenommen, dass der Blitz nicht direkt, sondern indirekt in einer Entfernung von 50 m von der Außenwand erfolgt, handelt es sich also um einen nahen Blitzeinschlag, so erfolgt die Berechnung der induzierten Spannung gemäß Gl. (3.10) in Verbindung mit Gl. (3.3) und Gl. (3.2) sowie Tabelle 3.3. Die Berechnung soll wiederum nur erfolgen für den negativen Folgeblitz. Der Berechnung liegen folgende Annahmen zugrunde:

μ_0 $= 4\pi \cdot 10^{-7}$ in Vs/Am,

b $= 0{,}1$ m (Breite der Leiterschleife, hier Abstand Kabel zu einer Kabelpritsche),

$I_{0/\mathrm{max}}$ $= 50$ kA (Höchstwert des negativen Folgeblitzes für Gefährdungspegel 1),

l $= 80$ m + 20 m + 40 m = 140 m (Gesamtlänge der Leiterschleife),

T_1 $= 0{,}25$ µs (Stirnzeit des negativen Folgeblitzes),

w $= 0{,}15$ m (Maschenweite des gitterförmigen Schirms der LPZ 1).

Nach Tabelle 3.3 und der Maschenweite des Schirms von $w = 0{,}15$ m ergibt sich der Schirmfaktor zu $SF = (8{,}5/w) = 56{,}7$, entsprechend $SF = 35$ dB.

Das Magnetfeld im Mittelpunkt des Gebäudes nach Bild 3.17 und ohne Berücksichtigung der Schirmwirkung des maschenförmigen Schirms folgt nach Gl. (3.2):

$$H_{0/\mathrm{max}} = I_{0/\mathrm{max}} \big/ \left(2\pi \cdot s_{\mathrm{a}}\right) \text{ in A/m.}$$

Der Abstand zwischen dem Einschlagpunkt und dem <u>Mittelpunkt</u> des geschirmten Volumens beträgt $s_{\mathrm{a}} = 90$ m: Zum Abstand von 50 m vom Blitzeinschlag zur Außenwand des Gebäudes kommt hier noch der Abstand von Außenwand bis zum Mittelpunkt des Gebäudes von 40 m. Damit beträgt $H_{0/\mathrm{max}} = 88{,}4$ A/m.

Berücksichtigt man nun den oben berechneten Schirmfaktor des Gebäudes von $SF = 56{,}7$ bzw. 35 dB, so ergibt sich das Magnetfeld im Mittelpunkt des Gebäudes nach Gl. (3.3):

$$H_{1/\max} = H_{0/\max} \big/ 10^{SF/20} \text{ in A/m}$$

zu $H_{1/\max} = 1{,}56$ A/m.

Die Spannung an der Induktionsschleife im Falle eines nahen, indirekten Blitzeinschlags folgt nach Gl. (3.10) zu:

$$U_{oc/\max} = \mu_0 \cdot b \cdot l \cdot H_{1/\max} \big/ T_1 \text{ in Volt.}$$

Mit den dargestellten Daten ergibt sich damit $U_{oc/\max} = 110$ V. Im vorliegenden Fall ist also die Spannung bei einem nahen Blitzeinschlag in 50 m Entfernung geringer als die Spannung bei einem Direkteinschlag. Dieses Ergebnis kann allerdings nicht verallgemeinert werden; es hängt von etlichen Faktoren ab. Es ist also auch denkbar, dass sich bei einer anderen Induktionsschleife in einem anderen Gebäude im Falle eines nahen Blitzeinschlags höhere Werte der induzierten Spannung ergeben als bei einem Direkteinschlag.

3.11 Literatur

[3.1]   DIN EN 62305-3 (**VDE 0185-305-3**):2011-10 Blitzschutz – Teil 3: Schutz von baulichen Anlagen und Personen. Berlin · Offenbach: VDE VERLAG

[3.2]   *Kern, A.*; *Wettingfeld, J.*: Blitzschutzsysteme 1. VDE-Schriftenreihe 44. Berlin · Offenbach: VDE VERLAG, 2014. – ISBN 978-3-8007-3511-2, ISSN 0506-6719

[3.3]   DIN EN 62305-4 (**VDE 0185-305-4**):2011-10 Blitzschutz – Teil 4: Elektrische und elektronische Systeme in baulichen Anlagen. Berlin · Offenbach: VDE VERLAG

[3.4]   DIN EN 62305-2 (**VDE 0185-305-2**):2013-02 Blitzschutz – Teil 2: Risiko-Management. Berlin · Offenbach: VDE VERLAG

[3.5]   DIN EN 62305-1 (**VDE 0185-305-1**):2011-10 Blitzschutz – Teil 1: Allgemeine Grundsätze. Berlin · Offenbach: VDE VERLAG

[3.6]   DIN EN 61000-4-5 (**VDE 0847-4-5**):2007-06 Elektromagnetische Verträglichkeit (EMV) – Teil 4-5: Prüf- und Messverfahren – Prüfung der Störfestigkeit gegen Stoßspannungen. Berlin · Offenbach: VDE VERLAG

[3.7]   DIN EN 61000-4-9 (**VDE 0847-4-9**):2001-12 Elektromagnetische Verträglichkeit (EMV) – Teil 4-9: Prüf- und Messverfahren – Prüfung der Störfestigkeit gegen impulsförmige Magnetfelder. Berlin · Offenbach: VDE VERLAG

[3.8] DIN EN 61000-4-10 (**VDE 0847-4-10**):2001-12 Elektromagnetische Verträglichkeit (EMV) – Teil 4-10: Prüf- und Messverfahren – Prüfung der Störfestigkeit gegen gedämpft schwingende Magnetfelder. Berlin · Offenbach: VDE VERLAG

[3.9] *Landers, E. U.*; *Zahlmann, P.*: EMV – Blitzschutz von elektrischen und elektronischen Systemen in baulichen Anlagen. VDE-Schriftenreihe 185. Berlin · Offenbach: VDE VERLAG, 2013. – ISBN 978-3-8007-3399-6, ISSN 0506-6719

[3.10] *Vance, E. F.*: Electromagnetic interference control. IEEE Transactions of Electromagnetic EMC-22 (1980) H. 4 Part II, S. 319–328. – ISSN 0018-9375

[3.11] DIN EN 62305-4 Beiblatt 1 (**VDE 0185-305-4 Beiblatt 1**):2012-10 Blitzschutz – Teil 4: Elektrische und elektronische Systeme in baulichen Anlagen – Beiblatt 1: Verteilung des Blitzstroms. Berlin · Offenbach: VDE VERLAG

[3.12] DIN EN 61643-11 (**VDE 0675-6-11**):2013-04 Überspannungsschutzgeräte für Niederspannung – Teil 11: Überspannungsschutzgeräte für den Einsatz in Niederspannungsanlagen – Anforderungen und Prüfungen. Berlin · Offenbach: VDE VERLAG

[3.13] DIN EN 61643-21 (**VDE 0845-3-1**):2013-07 Überspannungsschutzgeräte für Niederspannung – Teil 21: Überspannungsschutzgeräte für den Einsatz in Telekommunikations- und signalverarbeitenden Netzwerken – Leistungsanforderungen und Prüfverfahren. Berlin · Offenbach: VDE VERLAG

[3.14] DIN CLC/TS 61643-12 (**VDE V 0675-6-12**):2010-09 Überspannungs-schutzgeräte für Niederspannung – Teil 12: Überspannungsschutzgeräte für den Einsatz in Niederspannungsanlagen – Auswahl und Anwendungs-grundsätze. Berlin · Offenbach: VDE VERLAG

[3.15] DIN CLC/TS 61643-22 (**VDE V 0845-3-2**):2007-09 Überspannungsschutz-geräte für Niederspannung – Teil 22: Überspannungsschutzgeräte für den Einsatz in Telekommunikations- und signalverarbeitenden Netzwerken – Auswahl- und Anwendungsprinzipien. Berlin · Offenbach: VDE VERLAG

[3.16] Koordination von Überspannungsschutzgeräten verschiedener Hersteller. ABB-Merkblatt 19. Ausschuss für Blitzschutz und Blitzforschung (ABB) des VDE (Hrsg.). Frankfurt am Main: VDE/ABB, 2011. Onlinedokument verfügbar unter www.vde.com/de/Ausschuesse/Blitzschutz/Publ/Fkr/Seiten/19.aspx

[3.17] *Scheibe, K.*; *Kern, A.*: Aktueller Stand der Normung zum Überspannungs-schutz. S. 13–17 in VDE-Fachbericht 68. Vorträge der 9. VDE/ABB-Blitzschutztagung vom 27.10.–28.10.2011 in Neu-Ulm. Berlin · Offenbach: VDE VERLAG, 2011. – ISBN 978-3-8007-3380-4, ISSN 0340-4161

[3.18] *Scheibe, K.*; *Kern, A.*: Stand der Normung für Überspannungsschutzgeräte. S. 23–27 in VDE-Fachbericht 70. Vorträge der 10. VDE/ABB-Blitzschutztagung vom 24.10.–25.10.2011 in Neu-Ulm. Berlin · Offenbach: VDE VERLAG, 2013. – ISBN 978-3-8007-3540-2, ISSN 0340-4161

[3.19] DIN EN 62305-3 Beiblatt 3 (**VDE 0185-305-3 Beiblatt 3**):2012-10 Blitzschutz – Teil 3: Schutz von baulichen Anlagen und Personen – Beiblatt 3: Zusätzliche Informationen für die Prüfung und Wartung von Blitzschutzsystemen. Berlin · Offenbach: VDE VERLAG

3.12 Weiterführende Literatur

[3.20] *Prinz, H.*: Feuer, Blitz und Funke. München: Bruckmann, 1965

[3.21] *Hasse, P.*: Der Weg zum modernen Blitzschutz. Reihe Geschichte der Elektrotechnik Band 20. Berlin · Offenbach: VDE VERLAG, 2004. – ISBN 3-8007-2844-3

[3.22] *Boeck, W.*: Benjamin Franklin als Staatsmann, Schriftsteller und Physiker. Abhandlungen und Berichte 48 (1980) H. 2. München: Oldenbourg, 1980. – ISBN 3-486-24671-2

[3.23] *Uman, M.*: The Lightning Discharge. International Geophysics Series, Vol. 39. Orlando, Florida/USA (u. a.): Academic Press, 1987. – ISBN 0-12-708350-2, ISSN 0074-6142

[3.24] *Hasse, P.*; *Wiesinger, J.*; *Zischank, W.*: Handbuch für Blitzschutz und Erdung. München (u. a.): Pflaum, 2006. – ISBN 3-7905-0931-0

[3.25] European Cooperation for Lightning Detection: www.euclid.org

[3.26] BLIDS Blitz Informationsdienst von Siemens. Siemens AG, Karlsruhe: www.siemens.de/blids

[3.27] *Golde, R. H.*: Lightning, Vol. 1: Physics of lightning. London/UK: Academic Press, 1977. – ISBN 0-12-287801-9

[3.28] *Williams, E. R.*: Das Gewitter als elektrischer Generator. Spektrum der Wissenschaft 12 (1989) H. 1, S. 80–89. – ISSN 0170-2971

[3.29] *Berger, K.*; *Vogelsanger, E.*: Photographische Blitzuntersuchungen der Jahre 1955 … 1965 auf dem Monte San Salvatore. Bull. SEV/VSE 57 (1966) H. 13, S. 599–620

[3.30] *Berger, K.*: Novel observations on lightning discharges; Results of research on Mount San Salvatore. Journal Franklin Institute 283 (1967) H. 6, S. 478–525

[3.31] *Heidler, F.; Drumm, F.; Hopf, Ch.*: Electric fields of positive earth flashes in
        near thunderstorms. S. 42–47. 24th International Conference on Lightning
        Protection (ICLP), 14.9.–18.9.1998, Birmingham/UK. Stafford/UK:
        Staffordshire University, 1998

[3.32] *Prinz, H.*: Die Blitzentladung in Vierparameterdarstellung. Bull. SEV/VSE
        68 (1977) H. 12, S. 600–603. – ISSN 1420-7028

[3.33] *Berger, K.; Anderson, R. B.; Kröninger, H.*: Parameters of lightning flashes.
        CIGRE Electra 67 (1975) H. 41, S. 23–37

[3.34] *Anderson, R. B.; Eriksson, A. J.*: Lightning parameters for engineering
        application. CIGRE Electra 72 (1980) H. 69, S. 65–102. – ISSN 1286-1146

[3.35] Estimating lightning performance of transmission lines II – Update to
        analytical models. IEEE Working Group Report. IEEE Trans. on Power
        Delivery (PWRD) 8 (1993) H. 4, S. 1254–1267. – ISSN 0885-8977

[3.36] *Kern, A.; Schelthoff, C.; Mathieu, M.*: Detaillierte Berechnung der
        Einfangwirksamkeiten von Fangeinrichtungen mit einem dynamischen
        elektro-geometrischen Modell. S. 53–58 in VDE-Fachbericht 68: Vorträge
        der 9. VDE/ABB-Fachtagung vom 27.10.–28.10.2011 in Neu-Ulm.
        Berlin · Offenbach: VDE VERLAG, 2011. – ISBN 978-3-8007-3380-4

[3.37] *Pigler, F.*: Blitzschutz elektronischer Anlagen. Poing: Franzis, 1998. –
        ISBN 3-7723-4063-6

[3.38] *Häberlin, H.*: Photovoltaik. Berlin · Offenbach: VDE VERLAG, 2012. –
        ISBN 978-3-8007-3205-0

[3.39] *Cooray, V.* (Hrsg.): Lightning Protection. IET power and energy series,
        Bd. 58. London/UK: Institution of Engineering and Technology (IET),
        2010. – ISBN 978-0-86341-744-3

[3.40] *Thern, St.*: Jährliche und regionale Blitzdichteverteilung in Deutschland.
        S. 9–17 in VDE-Fachbericht 58: 4. VDE/ABB-Blitzschutztagung. Aus-
        schuss für Blitzschutz und Blitzforschung (ABB) im VDE (Hrsg.). Vorträge
        und Poster der VDE/ABB-Fachtagung am 8.11.–9.11.2001 in Neu-Ulm.
        Berlin · Offenbach: VDE VERLAG, 2001. – ISBN 3-8007-2647-5

[3.41] DIN EN 62305-2 Beiblatt 1 (**VDE 0185-305-2 Beiblatt 1**):2013-02
        Blitzschutz – Teil 2: Risikomanagement – Beiblatt 1: Blitzgefährdung in
        Deutschland. Berlin · Offenbach: VDE VERLAG

[3.42] DIN EN 62305-2 Beiblatt 2 (**VDE 0185-305-2 Beiblatt 2**):2013-02
        Blitzschutz – Teil 2: Risikomanagement – Beiblatt 2: Berechnungshilfe
        zur Abschätzung des Schadensrisikos für bauliche Anlagen, mit CD-ROM.
        Berlin · Offenbach: VDE VERLAG

[3.43] DIN EN 62305-2 Beiblatt 3 (**VDE 0185-305-2 Beiblatt 3**):2013-12
Blitzschutz – Teil 2: Risikomanagement – Beiblatt 3: Zusätzliche
Informationen zur Anwendung der DIN EN 62305-2 (VDE 0185-305-2).
Berlin · Offenbach: VDE VERLAG

[3.44] DIN EN 62305-3 Beiblatt 1 (**VDE 0185-305-3 Beiblatt 1**):2012-10
Blitzschutz – Teil 3: Schutz von baulichen Anlagen und Personen –
Beiblatt 1: Zusätzliche Informationen zur Anwendung der DIN EN 62305-3
(VDE 0185-305-3). Berlin · Offenbach: VDE VERLAG

[3.45] DIN EN 62305-3 Beiblatt 2 (**VDE 0185-305-3 Beiblatt 2**):2012-10
Blitzschutz – Teil 3: Schutz von baulichen Anlagen und Personen –
Beiblatt 2: Zusätzliche Informationen für besondere bauliche Anlagen.
Berlin · Offenbach: VDE VERLAG

[3.46] DIN EN 62305-3 Beiblatt 4 (**VDE 0185-305-3 Beiblatt 4**):2008-01
Blitzschutz – Teil 3: Schutz von baulichen Anlagen und Personen –
Beiblatt 4: Verwendung von Metalldächern in Blitzschutzsystemen.
Berlin · Offenbach: VDE VERLAG

[3.47] DIN EN 62305-3 Beiblatt 5 (**VDE 0185-305-3 Beiblatt 5**):2014-02
Blitzschutz – Teil 3: Schutz von baulichen Anlagen und Personen –
Beiblatt 5: Blitz- und Überspannungsschutz für PV-Stromversorgungs-
systeme. Berlin · Offenbach: VDE VERLAG

[3.48] DIN EN 60079-10-1 (**VDE 0165-101**):2009-10 Explosionsfähige Atmosphäre
– Teil 10-1: Einteilung der Bereiche – Gasexplosionsgefährdete Bereiche.
Berlin · Offenbach: VDE VERLAG

[3.49] DIN EN 60079-10-2 (**VDE 0165-102**):2010-03 Explosionsfähige Atmosphäre
– Teil 10-2: Einteilung der Bereiche – Staubexplosionsgefährdete Bereiche.
Berlin · Offenbach: VDE VERLAG

[3.50] DIN EN 61400-24 (**VDE 0127-24**):2011-04 Windenergieanlagen –
Teil 24: Blitzschutz. Berlin · Offenbach: VDE VERLAG

4 Fundamenterder

4.1 Allgemeines

Für die Errichtung eines Fundamenterders sind die Vorgaben der DIN 18014 verbindlich [4.1]. Die Anwendung der DIN 18014 ergibt sich insbesondere aus der Beachtung der DIN 18015-1 [4.2] und der DIN VDE 0100-540 [4.3]. Gilt die DIN 18015-1 formal nur für Wohngebäude, so wird die Notwendigkeit eines Fundamenterders für Neubauten generell in der DIN VDE 0100-540, Abschnitt 542.2.3, gefordert:

In Deutschland besteht eine Verpflichtung, in allen neuen Gebäuden einen Fundamenterder nach der nationalen Norm DIN 18014 zu errichten.

Die DIN VDE 0100-540 beschreibt die erforderlichen Maßnahmen für Erdungsanlagen, Schutzleiter und Schutzpotentialausgleichsleiter mit dem Ziel, die Sicherheit elektrischer Anlagen zu erfüllen. Diese Maßnahmen sind im Prinzip für alle baulichen Anlagen mit elektrischen Einrichtungen erforderlich. Der Fundamenterder bildet dabei eine wesentliche Grundlage für die elektrische Sicherheit und wird gemäß Abschnitt 541.3.8

unter einem Gebäudefundament in das Erdreich oder bevorzugt im Beton eines Gebäudefundamentes, im Allgemeinen als geschlossener Ring, eingebettet.

Wird der Fundamenterder für den Blitzschutz genutzt, dann sind zusätzlich die Vorgaben der DIN EN 62305-3 (**VDE 0185-305-3**) [4.4] und dem Beiblatt 1 zu DIN EN 62305-3 (**VDE 0185-305-3**) [4.5] zu beachten.

Wurde der Fundamenterder in den zurückliegenden Jahren durchweg im Fundament verlegt, so müssen heute aufgrund moderner Bauverfahren häufig zusätzliche Aspekte berücksichtigt werden. Die wichtigsten Aspekte werden in den nachfolgenden Abschnitten dargestellt.

4.2 Aufgabe des Fundamenterders nach DIN 18014

Hinweis: Der nach DIN 18014 definierte Begriff „Ringerder" wird in der DIN VDE 0100-540 als „Fundamenterder im Erdreich" bezeichnet. Daneben kennt die DIN VDE 0100-540 noch den Begriff „Fundamenterder im Beton", hierunter wird der herkömmliche „Fundamenterder" verstanden. Verwirrend wird das Ganze, wenn der Begriff „Fundamenterder im Beton" aus der DIN VDE 0100-540 nach DIN 18014 auch als „Funktionspotentialausgleichsleiter" bezeichnet werden kann, nämlich dann, wenn der „Fundamenterder" in einem Betonfundament mit einem erhöhten Erdübergangswiderstand verlegt wird. Nachstehend werden bei Fundamenten mit erhöhtem Erdübergangswiderstand die Begriffe aus DIN 18014 verwendet: Ringerder und Funktionspotentialausgleichsleiter.

Als Fundamenterder wird nach DIN 18014 üblicherweise ein Erder bezeichnet, der im Beton eingebettet ist. Wird ein Betonfundament aus bautechnischen Gründen mit einem erhöhten Erdübergangswiderstand ausgeführt, so ist der Fundamenterder in Erde zu verlegen; er wird dann als „Ringerder" bezeichnet. Da dieser Ringerder außerhalb der Gebäudefundamente errichtet wird, ist ein zusätzlicher „Funktionspotentialausgleichsleiter" zur Potentialsteuerung innerhalb der Gebäudefundamente notwendig. Ringerder und Funktionspotentialausgleichsleiter müssen miteinander verbunden werden und erfüllen dann als Gesamtsystem die Aufgabe eines Fundamenterders.

Der Fundamenterder dient dazu, eine Verbindung zur Erde herzustellen, die:

- für die Erfüllung von Schutzmaßnahmen in der elektrischen Anlage geeignet ist,
- Erdfehlerströme und Schutzleiterströme zur Erde führen kann, ohne dass eine Gefahr durch thermische, thermomechanische oder elektromechanische Beanspruchungen und durch elektrischen Schlag, hervorgerufen durch diese Ströme, entsteht,
- wenn erforderlich, auch für Funktionsanforderungen geeignet ist.

Der Fundamenterder verbessert die Wirksamkeit des Schutzpotentialausgleichs und ist mit der Haupterdungsschiene zu verbinden. Damit ist der Fundamenterder Bestandteil der elektrischen Anlage gemäß der Niederspannungsanschlussverordnung (NAV).

4.3 Installationsvorgaben für den Fundamenterder

Nach DIN 18014, Abschnitt 4 [4.1],

verbessert ein Fundamenterder die Wirksamkeit des Schutzpotentialausgleichs. Er ist darüber hinaus geeignet zum Zweck der Schutzerdung und der Funktionserdung (z. B. für Blitzschutzsysteme), wenn die in den jeweiligen DIN-VDE-Normen, z. B. DIN VDE 0100-540, enthaltenen Voraussetzungen erfüllt werden. **Er ist Bestandteil der elektrischen Anlage hinter der Haus-Anschlusseinrichtung (Hausanschlusskasten bzw. einer gleichwertigen Einrichtung).**

Nachstehend die wichtigsten Installationsvorgaben:

- Verlegung in den Fundamenten der Außenwände des Gebäudes oder in der Fundamentplatte (**Bild 4.1**),
- Fundamenterder im Fundament: Maschenweite mind. 20 m × 20 m (**Bild 4.2**), für Blitzschutzmaßnahmen kann auch eine Maschenweite von 10 m × 10 m erforderlich sein,
- Fundamenterder im Erdreich: Maschenweite mind. 20 m × 20 m, für Blitzschutzmaßnahmen ist eine Maschenweite von 10 m × 10 m erforderlich,
- verringerte Maschenweiten bei EMV-Blitzschutzmaßnahmen nach DIN EN 62305-4 (**VDE 0185-305-4**) (**Bild 4.3**) Maschenweite 5 m × 5 m,
- vorzugsweise auf der unteren Bewehrungslage verlegen (**Bild 4.4**),
- der Fundamenterder muss allseitig mit 5 cm Beton umschlossen sein,
- Teile oder Einzellängen sind durch Schweiß-, Schraub- oder Klemmverbindung elektrisch leitend mechanisch fest zu verbinden,
- Schweißverbindungen mit Bewehrungsstäben sind nur mit Zustimmung des Bauingenieurs zulässig; die Bewehrungsstäbe sollten über eine Länge von mind. 30 mm zusammengeschweißt werden,
- für Blitzschutzsysteme sind für den Fundamenterder Verbindungsteile nach DIN EN 50164-1 zu verwenden (Bild 4.1),
- Keilverbinder dürfen nicht verwendet werden (**Bild 4.5**), wenn der Beton maschinell verdichtet wird (z. B. mittels Rüttler),
- Keilverbinder dürfen außerhalb des Betons nicht als Verbinder für Erdleitungen eingesetzt werden (**Bild 4.6**),
- der Fundamenterder ist mit der Bewehrung im Abstand von 2 m dauerhaft leitend zu verbinden (**Bild 4.7**),
- sogenannte Rödelverbindungen dienen der Lagefixierung, ersetzen aber keine dauerhaft leitende Verbindung zwischen Fundamenterder und Bewehrung (**Bild 4.8**),
- den Fundamenterder nicht über Bewegungsfugen führen (**Bild 4.9**),
- Mindestmaße für Werkstoffe: massives Rundmaterial mit mind. 10 mm Durchmesser oder massives Bandmaterial mit den Maßen von mind. 30 mm × 3,5 mm,
- Fundamenterder im Erdreich oder für Anschlussfahnen Materialqualität: nicht rostender Edelstahl, Werkstoff-Nr. 1.4571 oder mind. gleichwertig, feuerverzinktes Material ist nicht zulässig (**Bild 4.10**),
- Verbindungsklemmen im Erdreich isolieren, dies gilt auch für Klemmen aus nicht rostendem Material, damit eine Verschmutzung der Kontaktflächen verhindert wird und eine dauerhaft niederohmige Verbindung gewährleistet ist (**Bild 4.11**),
- alle Teile und Verbindungen untereinander müssen einen niederohmigen Durchgang haben (Richtwert kleiner 1 Ω).

Bild 4.1 Verbindungsklemmen (V) und Bewehrungsklemmen (B) nach DIN EN 50164-1

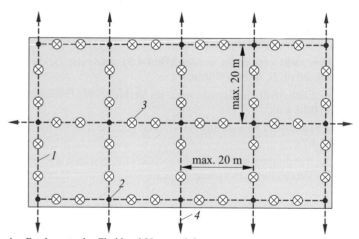

1　Fundamenterder, Flachband 30 mm × 3,5 mm,
2　Verbindungsklemme,
3　Bewehrungsklemme, Abstand 2 m,
4　Anschlussfahne

Bild 4.2 Prinzipielle Darstellung eines Fundamenterders für den Blitzschutz

Bild 4.3 Fundamenterder in der Fundamentplatte, Maschenweite 5 m × 5 m

Bild 4.4 Fundamenterder auf der unteren Bewehrungslage

Bild 4.5 Fehlerhaft installierter Keilverbinder

Bild 4.6 Nicht erlaubter Einsatz eines Keilverbinders außerhalb des Betons

Bild 4.7 Bewehrungsklemmen (B) im Abstand von 2 m

Bild 4.8 „Rödelverbindung" für eine Lagefixierung des Fundamenterders

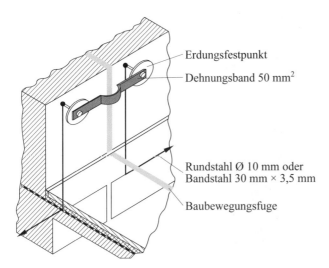

Erdungsfestpunkt

Dehnungsband 50 mm^2

Rundstahl Ø 10 mm oder
Bandstahl 30 mm × 3,5 mm

Baubewegungsfuge

Bild 4.9 Fundamenterder nicht über Dehnungsfugen führen

Bild 4.10 Fundamenterder im Erdreich,
Material V4A, Werkstoff-Nr. 1.4571

Bild 4.11 Fundamenterder im Erdreich,
Verbindungsklemmen isoliert

• Ringerder sind erdfühlig zu montieren. Um einen konstanten, niedrigen Erdausbreitungswiderstand zu erzielen, muss nach DIN 18014 der Ringerder im durchfeuchteten, frostfreien Bereich außerhalb des Fundaments erdfühlig angeordnet werden. In Bild 5 der DIN 18014 wird beispielhaft ein Wert $\geq 0,8$ m angegeben. In der DIN EN 62305-3 (**VDE 0185-305-3**), Abschnitt 5.4.3 wird für Blitzschutzzwecke eine Mindesttiefe von 0,5 m für eine Erderanordnung Typ B als Ringerder im Erdreich vorgegeben. Die Installation der Erdungsanlage nur für die Installation eines Blitzschutzsystems, ohne Belange der DIN 18014 berücksichtigen zu müssen, kann sich dann auf die Vorgabe der DIN EN 62305-3 (**VDE 0185-305-3**) beziehen.

• Es ist sicherzustellen, dass alle Anschlussteile untereinander und an Fundamenterder/Ringerder bzw. Potentialausgleichsleiter einen niederohmigen Durchgangswiderstand von $\leq 0,2\ \Omega$ haben.

Die Planung des Fundamenterders für ein Wohngebäude zeigt **Bild 4.12**. Werden Blitzschutzmaßnahmen frühzeitig berücksichtigt, dann kann der Fundamenterder mit sehr geringem Kostenaufwand für Blitzschutzmaßnahmen aufgerüstet werden, z. B. in **Bild 4.13** durch die Installation von zehn zusätzlichen Anschlussfahnen. Eine später nachträglich installierte Erdungsanlage für Blitzschutzmaßnahmen ist qualitativ wesentlich ungünstiger, aber in der Regel um den Faktor vier bis sechs teurer.

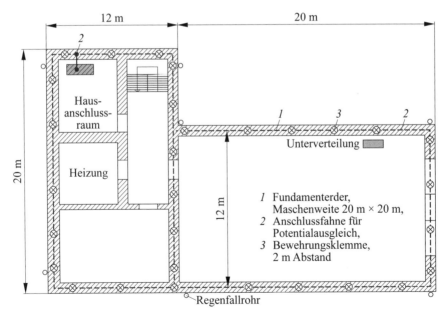

Bild 4.12 Fundamenterder für ein Wohnhaus nach DIN 18014 ohne Anschlussfahnen für ein Blitzschutzsystem

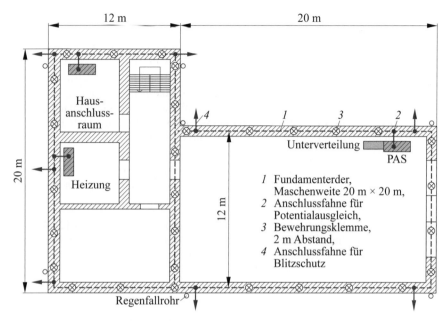

Bild 4.13 Fundamenterder für ein Wohnhaus nach DIN 18014 mit Anschlussfahnen für ein Blitzschutzsystem nach DIN EN 62305-3 (**VDE 0185-305-3**)

Aus diesem Grund sollte grundsätzlich vor Baubeginn geprüft werden, ob der Fundamenterder, der in jedem Fall errichtet werden muss, nicht kostengünstig durch Anschlussfahnen für ein späteres Blitzschutzsystem erweitert wird. Da vielen Bauherren die funktionalen und finanziellen Vorteile nicht bekannt sind, kommt hier dem Architekten, Elektroplaner und/oder Elektroinstallateur eine Aufklärungsfunktion zu.

4.4 Ausführungsvarianten

Der technische Fortschritt im Baubereich, aber auch zunehmend höhere Anforderungen, die sich z. B. aus der Energieeinsparverordnung (EnEV) [4.6] ergeben, haben dazu geführt, dass für die Erstellung eines Fundaments verschiedenste Ausführungsvarianten zur Verfügung stehen, um die jeweilige Zielsetzung zu realisieren. Dies kann auch Auswirkungen auf die Wirksamkeit eines Fundamenterders haben. Bei der Planung und der Realisierung müssen daher bautechnische Besonderheiten erfasst und berücksichtigt werden.

Aus diesem Grund enthält Beiblatt 1 zu DIN EN 62305-3 (**VDE 0185-305-3**) [4.5] eine Entscheidungshilfe, die die einzelnen Schritte für die Realisierung eines Fundamenterders beispielhaft darstellt (**Bild 4.14**).

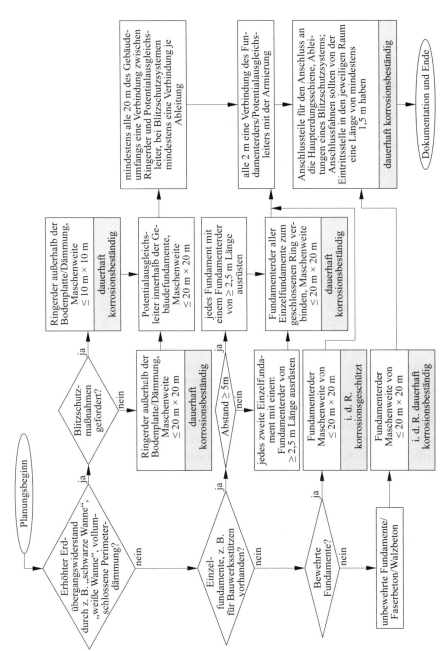

Bild 4.14 Entscheidungshilfe Fundamenterder (Quelle: Beiblatt 1 zu DIN EN 62305-3 (**VDE 0185-305-3**), Bild E.132 [4.5])

4.4.1   Fundamenterder für wasserundurchlässige Bauwerke aus Beton

Wasser kann in verschiedenster Weise auf die Außenflächen von Bauwerken einwirken, beispielsweise in Form von Bodenfeuchte, als nicht stauendes Sickerwasser, als zeitweise aufstauendes Sickerwasser, als drückendes oder nicht drückendes Wasser. Bei der Auswahl der Abdichtung müssen die Einwirkungsmöglichkeit des Wassers, der Baugrund, die Beanspruchung und die geplante Nutzung berücksichtigt werden. Unterschieden werden zwei Grundtypen der Bauwerksabdichtung:

Schwarze Wanne

Die abzudichtenden Gebäudeteile erhalten bei der schwarzen Wanne auf allen Seiten eine flächige Abdichtung nach DIN 18195 [4.7]. Dichtungsbahnen aus Bitumen oder Kunststoff werden an den Außenseiten der erdfühligen Gebäudebereiche als Außendichtung angebracht.

Weiße Wanne

Aufgrund der Aufbauweise und Zusammensetzung des Betons sind bei einer „weißen Wanne" [4.8] keine zusätzlichen Dichtungsbahnen erforderlich. Bodenplatte und Außenwände werden als geschlossene Wanne aus Beton mit hohem Wassereindringwiderstand nach DIN EN 206 [4.9] und DIN 1045-2 [4.10] hergestellt. Die erforderliche Dichtigkeit wird bei Bauteildicken bis 0,4 m durch Beton erreicht, der einen maximalen äquivalenten Wasserzementwert $\leq 0,6$ sicherstellt. Dies entspricht bei Normalbeton einer Mindestdruckfestigkeitsklasse C25/30 mit einem Mindestzementgehalt von 280 kg/m^3 [4.11]. Errichtet wird die weiße Wanne üblicherweise geschosshoch, entweder aus Ortbeton mit Systemschalung oder aus vorgefertigten Elementwänden (Dreifachwänden). Die Entscheidung für eine weiße Wanne ist heutzutage eher die Regel und nicht die Ausnahme, da der Kostenaufwand für die Realisierung dieser Maßnahme im Verhältnis zu den Gesamtkosten und dem Risiko hoher Kosten durch Feuchtigkeits- oder Wasserschäden gering ist.

In diesen Anwendungsfällen ist der Fundamenterder wie folgt aufzubauen (**Bild 4.15**):

1. In der Sauberkeitsschicht oder auf dem Planum wird ein „vermaschter Ringerder" verlegt, der die eigentliche Erdungsanlage darstellt.

2. Im Fundament wird ein vermaschter Funktionspotentialausgleichsleiter verlegt und mit der Bewehrung verbunden, der die Grundlage für den Potentialausgleich bildet.

3. Die beiden Erder müssen miteinander verbunden werden, damit sie als Gesamtsystem wirken können. Die Verbindungen können über Anschlussfahnen oder Erdungs-Festpunkte erfolgen.

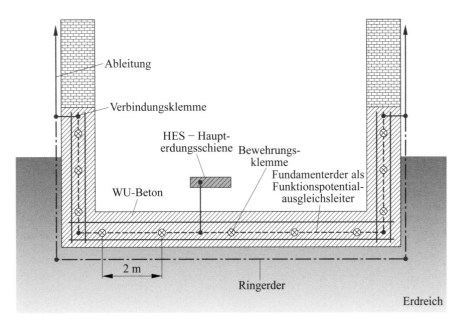

Bild 4.15 Prinzipieller Aufbau eines Fundamenterders bei einer weißen Wanne

4.4.2 Fundamenterder für Bauwerke mit Perimeterdämmung

Bodenplatte und die Außenwände im Erdreich bilden den Bereich, der als Perimeter bezeichnet wird. Wird dieser Bereich durch eine Wärmedämmung (wasser- und druckbeständig) gegenüber dem Erdreich isoliert, dann wirkt die Dämmung in der Regel elektrisch isolierend. In diesen Fällen ist ein Fundamenterder im Prinzip wie bei der schwarzen und weißen Wanne aufzubauen. Bei der Ausführung ist darauf zu achten, dass die Erdungsanlage so aufgebaut wird, dass keine Wärmebrücken verursacht werden. Die prinzipiellen Maßnahmen für einen Fundamenterder bei Perimeterdämmung zeigt **Bild 4.16**.

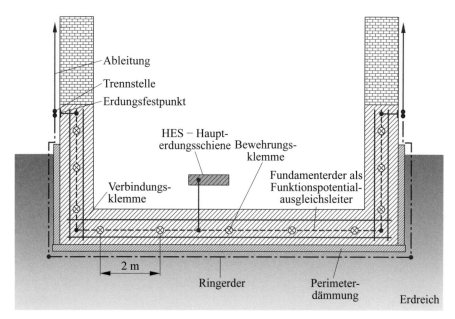

Bild 4.16 Prinzipieller Aufbau eines Fundamenterders bei einer Perimeterdämmung

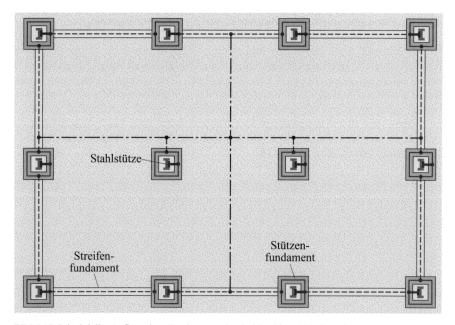

Bild 4.17 Prinzipieller Aufbau eines Fundamenterders bei Streifen- und Einzelfundamenten

4.4.3   Streifen-, Block- und Einzelfundamente

Aus Gründen der Nutzung, der Statik oder aus wirtschaftlichen Gründen können
verschiedene Fundamentkombinationen realisiert werden. Unterschieden wird nach
Streifen-, Einzel- und Blockfundamenten. Diese können miteinander kombiniert
und in Verbindung mit einer statisch nicht tragenden Bodenplatte genutzt werden.
Die Ausführung erfolgt oft in der Betonfestigkeitsklasse C20/25 oder C25/30. Die
Realisierung von Erdungsmaßnahmen zeigt **Bild 4.17 bis Bild 4.19**.

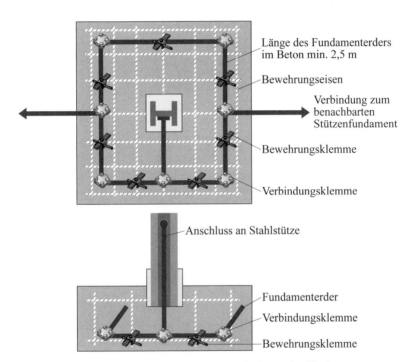

Bild 4.18 Prinzipieller Aufbau eines Fundamenterders in einem Einzelfundament
(Quelle: Beiblatt 1 zu DIN EN 62305-3 (**VDE 0185-305-3**), Bild E.127)

Bild 4.19 Fundamenterder in einem Einzelfundament

4.4.4   Maschinenfundament

Maschinenfundamente haben den Zweck, den tragenden Teil von stationär aufgestellten Maschinen zu tragen bzw. aufzunehmen. Sie ermöglichen die einfache Montage auf einer Fläche oder in einem Gebäude. Maschinenfundamente werden häufig im Anlagenbau verwendet. Große Antriebsmaschinen oder Generatoren sind oftmals auf Federn gebettet. Maschinenfundamente sind in diesen Fällen häufig von der Fundamentplatte entkoppelt, sodass sich keine Schwingungen auf andere Bereiche übertragen können. Die nachfolgenden Bilder zeigen beispielhaft, wie diese Anlagenteile in die Erdungs- und Potentialausgleichsmaßnahmen eingebunden werden können (**Bild 4.20 bis Bild 4.24**).

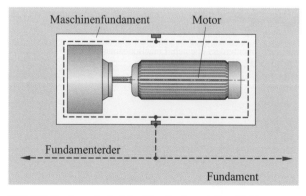

Bild 4.20 Fundamenterder Maschinenfundament, Draufsicht

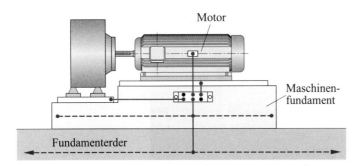

Bild 4.21 Fundamenterder und Potentialausgleich Maschinenfundament, Seitenansicht

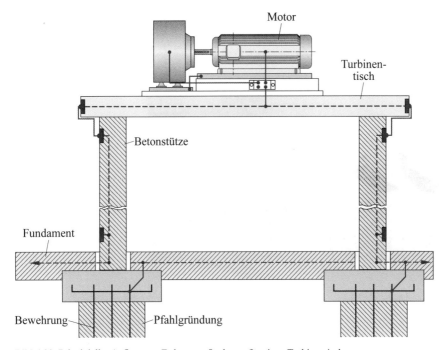

Bild 4.22 Prinzipieller Aufbau von Erdungsmaßnahmen für einen Turbinentisch

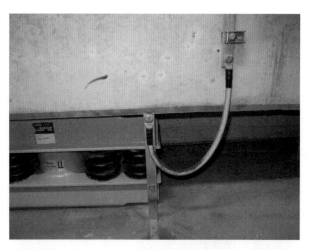

Bild 4.23 Erdungsmaßnahmen für entkoppelte Fundamentplatte eines Turbinentisches

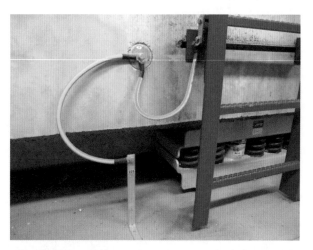

Bild 4.24 Erdung und Potentialausgleich für entkoppelte Fundamentplatte eines Turbinentisches

4.4.5   Pfahlgründungen

Über Pfahlgründungen [4.12, 4.13] können die Lasten von Tragwerken in tiefere, tragfähige Bodenschichten abgetragen werden. Dabei werden Pfähle in den Baugrund gebohrt oder gerammt, bis eine ausreichend tragfähige Boden- oder Gesteinsschicht erreicht ist. Die Pfahlgründungen eignen sich hervorragend als zusätzlicher natürlicher Erder und verbessern die Wirksamkeit einer Erdungsanlage erheblich.

Die Einbindung von Pfahlgründung in ein Erdungssystem zeigen die nachfolgenden Bilder (**Bild 4.25 bis Bild 4.28**).

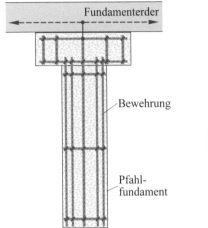

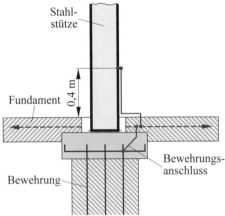

Bild 4.25 Pfahlgründung mit Verbindung zum Fundamenterder

Bild 4.26 Erdung einer Stahlstütze, Erdung durch Fundamenterder und Pfahlgründung

Bild 4.27 Pfahlgründung

Bild 4.28 Erdung mit Verbindung zu Pfahlgründungen

4.4.6 Stahlfaserbeton

Stahlfaserbeton [4.14] kommt in Deutschland ungefähr seit Mitte der 1970er-Jahre zum Einsatz. Die Zugabe von Stahlfasern beeinflusst vor allem die Biegezug- und Schubfestigkeit sowie das Riss- und Verformungsverhalten des Betons positiv.

Industriefußböden sind derzeit das Hauptanwendungsgebiet von Stahlfaserbeton. Beim Bau werden Kosten und Zeit gespart, da die Sauberkeitsschicht entfällt. Es können Flächen von bis zu 2000 m² pro Tag betoniert werden.

Gemäß DIN 18014 [4.1] muss ein Fundamenterder allseitig von mind. 5 cm Beton umschlossen sein. Durch diese Maßnahme wird sichergestellt, dass der Fundamenterder nicht durch Korrosion zerstört wird. Diese Forderung nach Korrosionsbeständigkeit des Erders gilt auch für Bodenplatten aus Stahlfaserbeton. In der Regel kann diese Forderung nicht eingehalten werden. Die Stahlfasern werden beim Einlaufen des Betons in Spezialpumpen zugegeben (**Bild 4.29**), der Beton wird mit großem Druck herausgepresst, sodass die Fixierung eines Erders mit Abstandhaltern nicht möglich ist.

Aus diesem Grund muss eine Erdungsanlage auf dem Planum erstellt werden, bevor die Fundamentplatte erstellt wird (**Bild 4.30**). Als Material ist nicht rostender Stahl (V4A), Werkstoff-Nr. 1.4571 einzusetzen. Die Erstellung der Erdungsanlage muss eng mit der ausführenden Spezialfirma für das Fundament abgestimmt werden.

Im Vorfeld der Planung muss das Erfordernis weiterer Erdungsmaßnahmen geprüft werden. Mögliche zusätzliche Erdungsmaßnahmen sind die Einbindung von Einzelfundamenten, Streifenfundamenten oder die Installation von Tiefenerdern.

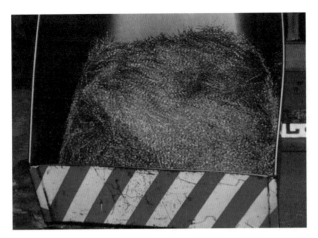

Bild 4.29 Stahlfaser

Bild 4.30 Montage der Erdungsleitung, Flachband 30 mm × 3,5 mm, V4A, Werkstoff-Nr. 1.4571

4.4.7 Walzbeton

Walzbeton [4.15] ist ein erdfeuchter Beton, der mit Flach- oder Fahrbaggern eingebaut und mithilfe von Walzen verdichtet wird und als Rohfußboden u. a. bei Industrie- oder Hallenböden (z. B. in Logistikzentren) Verwendung finden kann. Der Walzbeton wird mit einem Straßenfertiger oder mit einer lasergesteuerten Planierschaufel, die an einem Radlader angebracht ist, in Lagen von etwa 18 cm bis 20 cm (je nach Lastanforderung bis zu 25 cm) Dicke eingebaut, vorverdichtet und danach mit einer Walze verdichtet (**Bild 4.31**). Aufgrund der zum Teil groben Oberflächenqualität ist es erforderlich, den Walzbeton für den Einsatz als Industrieboden mit einer zusätzlichen Deckschicht zu versehen, z. B. mit einer Schicht aus etwa 2 cm kunststoffmodifiziertem Industrieestrich.

Bild 4.31 Vibrationswalze zum Verdichten von Walzbeton

Bei der Erstellung einer Erdungsanlage müssen daher Probleme gelöst werden, die mit Stahlfaserbeton vergleichbar sind. Aus dieser Situation ergeben sich drei Montagesituationen:

1. Besteht der Untergrund aus einer Isolierschicht, dann muss der Erder unterhalb der Isolierschicht verlegt werden. Um Korrosionsschäden zu vermeiden, muss für den Erder nicht rostender Stahl, Werkstoff-Nr. 1.4571, verwendet werden.

2. In bestimmten Fällen wird die Durchdringung der Isolierschicht nicht gestattet. Der Erder muss dann im Walzbeton verlegt werden. Material: nicht rostender Stahl (V4A), Werkstoff-Nr. 1.4571. Zusätzliche Erdungsmaßnahmen sind am Randbereich und an speziell festgelegten Punkten, z. B. durch Tiefenerder, Mindestlänge 9 m nach Erfordernis vorzusehen.

3. Wird der Walzbeton direkt auf den verdichteten Untergrund aufgebracht, dann kann der Erder so verlegt werden, dass die Ummantelung mit Beton gegeben ist. Hierzu ist es erforderlich, im Bereich des Erders ein Bett aus Walzbeton zu erstellen, auf dem der Erder verlegt wird. Bei dem anschließenden Verteilen des Walzbetons muss darauf geachtet werden, dass die geforderte Betonüberdeckung von 5 cm nicht unterschritten wird. Dies setzt eine genaue Koordination aller Beteiligten voraus und muss von dem zuständigen Planer im Vorfeld der Planung berücksichtigt werden. Kann diese Vorgehensweise nicht gewährleistet werden, dann muss der Erder aus nicht rostendem Stahl, V4A, Werkstoff-Nr. 1.4571 erstellt werden (**Bild 4.32**).

Bild 4.32 Verlegung des Erders auf einem Bett aus Walzbeton

4.4.8 Glasschaum

Der Fortschritt in der Bautechnik führt auch zu neuen Anforderungen, wenn es gilt, einen funktionstüchtigen Fundamenterder zu erstellen. Dies soll am Beispiel von Glasschaum [4.16] dargestellt werden. Hergestellt wird der Glasschaum aus Altglas verschiedenster Qualitäten. Dieses wird vorsortiert, gebrochen und durchläuft einen mehrstufigen Trennungs- und Zerkleinerungsprozess. In einer Kugelmühle wird dieses Ausgangsmaterial anschließend zu 10 mm großem Glasgranulat zermahlen. In elektrisch beheizten Durchlauföfen erfolgt das Aufschäumen und Versintern des Glasmehls bei Temperaturen um 900 °C. Den Ofen verlässt eine 300 °C bis 400 °C heiße Glasschaumplatte. Durch die sehr rasche Abkühlung entstehen Spannungsrisse. Diese lassen die Platte in 3 cm bis 5 cm großes Granulat zerfallen, das dann betriebsfertig auf die Baustelle geliefert werden kann. Dieses Granulat ist wärmedämmend, drainierend, kapillarbrechend und lastabtragend und wird am häufigsten als Perimeterdämmung unter der Bodenplatte verwendet.

Wird auf dieser Schicht der Erdungsleiter verlegt, dann liegt dieser weitestgehend isoliert. Eine Verlegung von Erdungsleitern unterhalb dieser Schicht ist häufig aus Gründen des Bauablaufs nicht möglich. Eine wirksame Erdungsanlage kann wie folgt erstellt werden (**Bild 4.33**):

- Verlegung der vermaschten Erdungsanlage als Fundamenterder im Erdreich auf der Glasschaumschicht, Material: V4A, Werkstoff-Nr. 1.4571 (**Bild 4.34**),
- Installation von zusätzlichen Tiefenerdern, die mit der vermaschten Erdungsanlage verbunden werden, Material: V4A, Werkstoff-Nr. 1.4571 (**Bild 4.35**),
- Verbindung der vermaschten Erdungsanlage mit dem Fundamenterder in Beton.

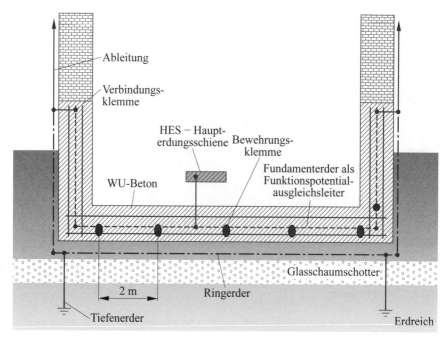

Bild 4.33 Beispiel für die Erstellung einer Erdungsanlage in Verbindung mit Glasschaumschotter

Bild 4.34 Erdungsleiter auf Glasschaumschotter, Material: V4A, Werkstoff-Nr. 1.4571

Bild 4.35 Tiefenerder verbunden mit dem Erdungsleiter

4.5   Literatur

[4.1]   DIN 18014:2014-03 Fundamenterder – Planung, Ausführung und Dokumentation. Berlin: Beuth

[4.2]   DIN 18015-1:2013-09 Elektrische Anlagen in Wohngebäude – Teil 1: Planungsgrundlagen. Berlin: Beuth

[4.3]   DIN VDE 0100-540 (**VDE 0100-540**):2012-06 Errichten von Niederspannungsanlagen – Teil 5-54: Auswahl und Errichtung elektrischer Betriebsmittel – Erdungsanlagen und Schutzleiter. Berlin · Offenbach: VDE VERLAG

[4.4]   DIN EN 62305-3 (**VDE 0185-305-3**):2011-10 Blitzschutz – Teil 3: Schutz von baulichen Anlagen und Personen. Berlin · Offenbach: VDE VERLAG

[4.5]   DIN EN 62305-3 Beiblatt 1 (**VDE 0185-305-3 Beiblatt 1**):2012-10 Blitzschutz – Teil 3: Schutz von baulichen Anlagen und Personen – Beiblatt 1: Zusätzliche Informationen zur Anwendung der DIN EN 62305-3 (VDE 0185-305-3). Berlin · Offenbach: VDE VERLAG

[4.6]   **Energieeinsparverordnung**. Verordnung über energiesparenden Wärmeschutz und energiesparende Anlagentechnik bei Gebäuden – Zweite Verordnung zur Änderung der Energieeinsparverordnung (EnEV 2014) vom 18. November 2013. BGBl I 65 (2013) Nr. 67 vom 21.11.2013, S. 3 951–3 990. – ISSN 0341-1095

[4.7] DIN 18195 (Normenreihe) Bauwerksabdichtungen, Teile 1 bis 10. Berlin: Beuth

[4.8] Beton.org – Wissen – Beton & Bautechnik – Weiße Wannen – Wasser-undurchlässige Bauwerke aus Beton. BetonMarketing Deutschland GmbH, Erkrath: www.beton.org/druck/fachinformationen/betonbautechnik/weisse-wanne

[4.9] DIN EN 206:2014-07 Beton – Teil 1: Festlegung, Eigenschaften, Herstellung und Konformität. Berlin: Beuth

[4.10] DIN 1045-2:2008-08 Tragwerke aus Beton, Stahlbeton – Teil 2: Beton – Festlegung, Eigenschaften, Herstellung und Konformität – Anwendungs-regeln zur DIN EN 206-1. Berlin: Beuth

[4.11] Betontechnische Daten, HeidelbergCement (Hrsg.), Ausgabe 2014. – Onlinedokument unter http://beton-technische-daten.de

[4.12] Pfahlgründung. Wikipedia – Online-Enzyklopädie, abgerufen am 18.10.2014: http://de.wikipedia.org/wiki/Pfahlgründung

[4.13] Baunetz Wissen – Beton – Pfahlgründung. Baunetz – Onlinelexikon des Architekturmagazins BauNetz: www.baunetzwissen.de/standardartikel/Beton_Pfahlgruendung_151064.html

[4.14] Beton.org – Wissen – Beton & Bautechnik – Stahlfaserbeton. BetonMarketing Deutschland GmbH, Erkrath: www.beton.org/wissen/beton-bautechnik/stahlfaserbeton

[4.15] Walzbeton. Wikipedia – Online-Enzyklopädie, abgerufen am 18.10.2014: http://de.wikipedia.org/wiki/Walzbeton

[4.16] Bauen auf Glas. TECHNOpor Glasschaum-Granulat. TECHNOpor Handels GmbH, Krems an der Donau/Österreich: www.technopor.com/service/downloads-all/finish/6-prospekte-folder/8-technopor-schaumglasschotter-folder-allgemein

4.6   Weiterführende Literatur

[4.17] DIN EN 62305-1 (**VDE 0185-305-1**):2011-10 Blitzschutz – Teil 1: Allgemeine Grundsätze. Berlin · Offenbach: VDE VERLAG

[4.18] DIN EN 62305-2 (**VDE 0185-305-2**):2013-02 Blitzschutz – Teil 2: Risiko-Management. Berlin · Offenbach: VDE VERLAG

[4.19] DIN EN 62305-3 Beiblatt 2 (**VDE 0185-305-3 Beiblatt 2**):2012-10
Blitzschutz – Teil 3: Schutz von baulichen Anlagen und Personen –
Beiblatt 2: Zusätzliche Informationen für besondere bauliche Anlagen.
Berlin · Offenbach: VDE VERLAG

[4.20] DIN EN 62305-3 Beiblatt 3 (**VDE 0185-305-3 Beiblatt 3**):2012-10
Blitzschutz – Teil 3: Schutz von baulichen Anlagen und Personen –
Beiblatt 3: Zusätzliche Informationen für die Prüfung und Wartung von
Blitzschutzsystemen. Berlin · Offenbach: VDE VERLAG

[4.21] DIN EN 62305-3 Beiblatt 4 (**VDE 0185-305-3 Beiblatt 4**):2008-01
Blitzschutz – Teil 3: Schutz von baulichen Anlagen und Personen –
Beiblatt 4: Verwendung von Metalldächern in Blitzschutzsystemen.
Berlin · Offenbach: VDE VERLAG

[4.22] DIN EN 62305-3 Beiblatt 5 (**VDE 0185-305-3 Beiblatt 5**):2014-02
Blitzschutz – Teil 3: Schutz von baulichen Anlagen und Personen –
Beiblatt 5: Blitz- und Überspannungsschutz für PV-Stromversorgungs-
systeme. Berlin · Offenbach: VDE VERLAG

[4.23] DIN EN 62305-4 (**VDE 0185-305-4**):2011-10 Blitzschutz –
Teil 4: Elektrische und elektronische Systeme in baulichen Anlagen.
Berlin · Offenbach: VDE VERLAG

[4.24] DIN EN 62561-1 (**VDE 0185-561-1**):2013-02 Blitzschutzsystembauteile
(LPSC) – Teil 1: Anforderungen an Verbindungsbauteile.
Berlin · Offenbach: VDE VERLAG

[4.25] DIN EN 62561-2 (**VDE 0185-561-2**):2013-02 Blitzschutzsystembauteile
(LPSC) – Teil 2: Anforderungen an Leiter und Erder. Berlin · Offenbach:
VDE VERLAG

[4.26] DIN EN 62561-3 (**VDE 0185-561-3**):2013-02 Blitzschutzsystembauteile
(LPSC) – Teil 3: Anforderungen an Trennfunkenstrecken.
Berlin · Offenbach: VDE VERLAG

[4.27] DIN EN 62561-4 (**VDE 0185-561-4**):2012-01 Blitzschutzsystembauteile
(LPSC) – Teil 4: Anforderungen an Leitungshalter. Berlin · Offenbach:
VDE VERLAG

[4.28] DIN EN 62561-5 (**VDE 0185-561-5**):2012-01 Blitzschutzsystembauteile
(LPSC) – Teil 5: Anforderungen an Revisionskästen und
Erderdurchführungen. Berlin · Offenbach: VDE VERLAG

[4.29] DIN EN 62561-6 (**VDE 0185-561-6**):2012-03 Blitzschutzsystembauteile
(LPSC) – Teil 6: Anforderungen an Blitzzähler (LSC). Berlin · Offenbach:
VDE VERLAG

[4.30] DIN EN 62561-7 (**VDE 0185-561-7**):2012-08 Blitzschutzsystembauteile
        (LPSC) – Teil 7: Anforderungen an Mittel zur Verbesserung der Erdung.
        Berlin · Offenbach: VDE VERLAG

[4.31] DIN EN 61936-1 (**VDE 0101-1**):2014-12 Starkstromanlagen mit
        Nennwechselspannungen über 1 kV – Teil 1: Allgemeine Bestimmungen.
        Berlin · Offenbach: VDE VERLAG

[4.32] DIN EN 50552 (**VDE 0101-2**):2011-11 Erdung von Starkstromanlagen mit
        Nennwechselspannungen über 1 kV. Berlin · Offenbach: VDE VERLAG

[4.33] DIN VDE 0100-410 (**VDE 0100-410**):2007-06 Errichten von Niederspan-
        nungsanlagen – Teil 4-41: Schutzmaßnahmen – Schutz gegen elektrischen
        Schlag. Berlin · Offenbach: VDE VERLAG

[4.34] DIN VDE 0100-443 (**VDE 0100-443**):2007-06 Errichten von Niederspan-
        nungsanlagen – Teil 4-44: Schutzmaßnahmen – Schutz bei Störspannungen
        und elektromagnetischen Störgrößen – Abschnitt 443: Schutz bei Über-
        spannungen infolge atmosphärischer Einflüsse oder von Schaltvorgängen.
        Berlin · Offenbach: VDE VERLAG

[4.35] DIN EN 61400-24 (**VDE 0127-24**):2011-04 Windenergieanlagen –
        Teil 24: Blitzschutz. Berlin · Offenbach: VDE VERLAG

[4.36] DIN EN 60079-14 (**VDE 0165-1**):2014-10 Explosionsgefährdete Bereiche
        – Teil 14: Projektierung, Auswahl und Errichtung elektrischer Anlagen.
        Berlin · Offenbach: VDE VERLAG

[4.37] DIN VDE 0151 (**VDE 0151**):1986-06 Werkstoffe und Mindestmaßnahmen
        von Erdern bezüglich der Korrosion. Berlin · Offenbach: VDE VERLAG

[4.38] DIN EN 50174-2 (**VDE 0800-174-2**):2015-xx Informationstechnik –
        Installation von Kommunikationsverkabelung – Teil 2: Installationsplanung
        und Installationspraktiken in Gebäuden. Berlin · Offenbach:
        VDE VERLAG

[4.39] DIN EN 50310 (**VDE 0800-2-310**):2011-05 Anwendung von Maßnahmen
        für Erdung und Potentialausgleich in Gebäuden mit Einrichtungen der
        Informationstechnik. Berlin · Offenbach: VDE VERLAG

[4.40] DIN EN 60728-11 (**VDE 0855-1**):2011-06 Kabelnetze für Fernsehsignale,
        Tonsignale und interaktive Dienste – Teil 11: Sicherheitsanforderungen.
        Berlin · Offenbach: VDE VERLAG

[4.41] DIN VDE 0855-300 (**VDE 0855-300**):2008-08
        Funksende-/-empfangssysteme für Senderausgangsleistungen bis 1 kW –
        Teil 300: Sicherheitsanforderungen. Berlin · Offenbach: VDE VERLAG

[4.42] DIN VDE 1000-10 (**VDE 1000-10**):2009-01 Anforderungen an die im Bereich der Elektrotechnik tätigen Personen. Berlin · Offenbach: VDE VERLAG

[4.43] DIN 820-2:2012-12 Normungsarbeit – Teil 2: Gestaltung von Dokumenten. Berlin: Beuth

[4.44] DIN EN 1991-1-4:2010-12 Eurocode 1: Einwirkungen auf Tragwerke – Teil 1-4: Allgemeine Einwirkungen – Windlasten. Berlin: Beuth

[4.45] DIN 4102 (Normenreihe) Brandverhalten von Baustoffen und Bauteilen, Teile 1 bis 23. Berlin: Beuth

[4.46] DIN EN 13501-1:2010-01 Klassifizierung von Bauprodukten und Bauarten zu ihrem Brandverhalten – Teil 1: Klassifizierung mit den Ergebnissen aus den Prüfung zum Brandverhalten von Bauprodukten. Berlin: Beuth

[4.47] DIN EN 13830:2003-11 Vorhangfassaden – Produktnorm. Berlin: Beuth

[4.48] DIN EN 61643-11 (**VDE 0675-6-11**):2013-04 Überspannungsschutzgeräte für Niederspannung – Teil 11: Überspannungsschutzgeräte für den Einsatz in Niederspannungsanlagen – Anforderungen und Prüfungen. Berlin · Offenbach: VDE VERLAG

[4.49] **Betriebssicherheitsverordnung (BetrSichV)**. Verordnung über Sicherheit und Gesundheitsschutz bei der Bereitstellung von Arbeitsmitteln und deren Benutzung bei der Arbeit, über Sicherheit beim Betrieb überwachungsbedürftiger Anlagen und über die Organisation des betrieblichen Arbeitsschutzes vom 27. September 2002. BGBl. I 54 (2002) Nr. 70 vom 2.10.2002, S. 3 777–3 816. – ISSN 0341-1095, zuletzt geändert 2011

[4.50] **Störfall-Verordnung (StöV)**. Zwölfte Verordnung zur Durchführung des Bundes-Immissionsschutzgesetzes (12. BImSchV[*]) vom 26. April 2000, Neufassung vom 8. Juni 2005. BGBl. I 57 (2005) Nr. 33 vom 16.6.2005, S. 1 598–1 620. – ISSN 0341-1095
[*] Diese Verordnung dient der Umsetzung der Richtlinie 2003/105/EG des Europäischen Parlaments und des Rates vom 16. Dezember 2003 zur Änderung der Richtlinie 96/82/EG (Seveso-II-Richtlinie, ABl. EU (2003) Nr. L 345, S. 97) sowie der Richtlinie 96/82/EG des Rates vom 9. Dezember 1996 zur Beherrschung der Gefahren bei schweren Unfällen mit gefährlichen Stoffen (ABl. EG (1997) Nr. L 10, S. 13).

[4.51] **Druckgeräteverordnung**. Vierzehnte Verordnung zum Produktsicherheitsgesetz (14. ProdSV[*]) vom 27. September 2002. BGBl. I 54 (2002) Nr. 70 vom 2.10.2002, S. 3 777–3 816. – ISSN 0341-1095
[*] Diese Verordnung dient der Umsetzung der Richtlinie 97/23/EG (Druckgeräterichtlinie) des Europäischen Parlaments und des Rates vom 29. Mai 1997 zur Angleichung der Rechtsvorschriften der Mitgliedstaaten über Druckgeräte (Abl. EG (1997) Nr. L 181, S. 1; Abl. EG (1997) Nr. L 265, S. 110).

[4.52] **Produktsicherheitsgesetz**. Gesetz über die Neuordnung des Geräte- und
        Produktsicherheitsrechts (ProdSG) vom 8. November 2011. BGBl. I 63
        (2011) Nr. 57, S. 2 178–2 208, Berichtigung BGBl. I 64 (2012) Nr. 6 vom
        8.2.2012, S. 131. – ISSN 0341-1095

[4.53] **DGUV Vorschrift 3 (vormals BGV A3)** BG-Vorschrift. Unfallverhütungs-
        vorschrift. Elektrische Anlagen und Betriebsmittel vom 1. April 1979 in der
        Fassung vom 1. Januar 1997, mit Durchführungsanweisungen vom Oktober
        1996. Aktuelle Nachdruckfassung Januar 2005. Köln: Berufsgenossen-
        schaft Energie Textil Elektro Medienerzeugnisse, 2005

[4.54] **TRBS 1001**. Technische Regeln für Betriebssicherheit – Struktur
        und Anwendung der Technischen Regeln für Betriebssicherheit vom
        15. September 2006. BAnz. 58 (2006) Nr. 232a vom 9.12.2006, S. 5–6. –
        ISSN 0720-6100

[4.55] **TRBS 1111**. Technische Regeln für Betriebssicherheit – Gefährdungs-
        beurteilung und sicherheitstechnische Bewertung vom 15. September 2006.
        BAnz. 58 (2006) Nr. 232a vom 9.12.2006, S. 7–10. – ISSN 0720-6100

[4.56] **TRBS 1112 Teil 1**. Technische Regeln für Betriebssicherheit – Explosions-
        gefährdungen bei und durch Instandhaltungsarbeiten – Beurteilung und
        Schutzmaßnahmen. GMBl. 61 (2010) Nr. 29 vom 12.5.2010, S. 615–619.
        – ISSN 0939-4729

[4.57] **TRBS 1201 Teil 1**. Technische Regeln für Betriebssicherheit – Prüfung von
        Anlagen in explosionsgefährdeten Bereichen und Überprüfung von Arbeits-
        plätzen in explosionsgefährdeten Bereichen vom 15. September 2006.
        BAnz. 58 (2006) Nr. 232a vom 9.12.2006, S. 20–26. – ISSN 0720-6100

[4.58] **TRBS 1203**. Technische Regeln für Betriebssicherheit – Befähigte
        Personen vom 17. März 2010. GMBl. 61 (2010) Nr. 29 vom 12.5.2010,
        S. 627–642. – ISSN 0939-4729 – zuletzt geändert durch Bekanntmachung
        des BMAS vom 17.2.2012 – IIIb 3 – 35650. GMBl. 63 (2012) Nr. 21,
        S. 386–387. – ISSN 0939-4729

[4.59] **TRBS 2152** Technische Regeln für Betriebssicherheit (inhaltsgleich:
        Technische Regel für Gefahrstoffe TRGS 720) – Gefährliche explosions-
        fähige Atmosphäre – Allgemeines. BAnz. 58 (2006) Nr. 103a vom
        2.6.2006, S. 4–7. – ISSN 0720-6100

[4.60] **TRBS 2152 Teil 3** Technische Regeln für Betriebssicherheit – Gefährliche
        explosionsfähige Atmosphäre – Vermeidung der Entzündung gefährlicher
        explosionsfähiger Atmosphäre. GMBl. 60 (2009) Nr. 77 vom 20.11.2009,
        S. 1 583–1 597. – ISSN 0939-4729

[4.61] **TRBS 2153**. Technische Regeln für Betriebssicherheit – Vermeidung von Zündgefahren infolge elektrostatischer Aufladungen. GMBl. 60 (2009) Nr. 15/16 vom 9.4.2009, S. 278–326. – ISSN 0939-4729

[4.62] *Koch, W.*: Erdungen in Wechselstromanlagen über 1 kV. Berlin (u. a.): Springer, 1961

[4.63] *Fendrich, L.*; *Fengler, W.*: Handbuch Eisenbahninfrastruktur. Berlin · Heidelberg: Springer Vieweg, 2013. – ISBN 978-3-642-30020-2

[4.64] *Budde, Ch.*: Überarbeitung der EN 50122: Bahnanwendungen – Ortsfeste Anlagen – Elektrische Sicherheit, Erdung und Rückstromführung. BahnPraxis E Zeitschrift für Elektrofachkräfte zur Förderung der Betriebs- und Arbeitssicherheit bei der Deutschen Bahn AG 14 (2011) H. 2, S. 3

[4.65] *Gonzalez, D.*; *Berger, F.*; *Vockeroth, D.*: Durchgang von Blitzströmen bei Weichlotverbindungen. S. 76–81 in VDE-Fachbericht 68. Vorträge der 9. VDE/ABB-Blitzschutztagung vom 27.10.–28.10.2011 in Neu-Ulm. Berlin · Offenbach: VDE VERLAG, 2011. – ISBN 978-3-8007-3380-4, ISSN 0340-4161

[4.66] Dehn + Söhne Blitzplaner. Neumarkt (Oberpfalz): Dehn + Söhne, 2013. – ISBN 978-3-9813770-0-2

[4.67] *Rock, M.*; *Gonzalez, D.*; *Noack, F.*: Blitzschutz bei Metalldächern. Kurz- vortrag und Diskussion auf der 24. Sitzung des Technischen Ausschusses ABB am 23.5.2003. Ilmenau: TU Ilmenau, 2003 (nicht veröffentlicht)

[4.68] VFF-Merkblatt FA.01:2009-09 Potentialausgleich und Blitzschutz von Vorhangfassaden. Frankfurt am Main: Verband der Fenster- und Fassadenhersteller

[4.69] VdS 2010:2010-09 Risikoorientierter Blitz- und Überspannungsschutz – Unverbindliche Richtlinien zur Schadenverhütung. Köln: VdS Schadenverhütung

[4.70] Fundament (Bauwesen). Wikipedia – Online-Enzyklopädie, abgerufen am 18.10.2014: http://de.wikipedia.org/wiki/Fundament_(Bauwesen)

[4.71] *Freimann, Th.*: Regelungen und Empfehlungen für wasserundurchlässige (WU-)Bauwerke aus Beton. Beton-Informationen (2005) H. 3/4, S. 55–72. – ISSN 0170-9283

[4.72] Explosionsschutz nach ATEX, Grundlagen und Begriffe. Firmenschrift. Weil am Rhein: Endress + Hauser Messtechnik, 2007. – Best.-Nr. CP021Zde

5   Planung von Erdungsanlagen

5.1   Allgemeines

Vor der Planung einer Erdungsanlage steht die Frage nach dem Anwendungsbereich. Wofür soll die Erdungsanlage genutzt werden? Der Fundamenterder für ein Wohnhaus stellt andere Anforderungen, als die Erdungsanlage für ein Kraftwerk. Es kann vorkommen, dass die Planung einer Erdungsanlage die besonderen Anforderungen für mehrere Anwendungsbereiche berücksichtigen muss. Diese Anwendungsbereiche treten besonders in Gebäuden mit moderner technischer Infrastruktur häufig kombiniert auf und dürfen nicht isoliert voneinander betrachtet werden. Oberstes Ziel muss es sein, dass die Erdungsanlage eine sichere und störungsfreie Funktion im bestimmungsgemäßen Betrieb sicherstellt.

Die Beachtung folgender Normen ist bei der Planung einer Erdungsanlage mind. zu beachten:

- Erdungsmaßnahmen für Starkstromanlagen über 1 kV, DIN EN 61936-1 (**VDE 0101-1**) [5.1] und DIN EN 50552 (**VDE 0101-2**) [5.2], jeweils vom November 2011,

- Erdungsmaßnahmen für Starkstromanlagen unter 1 kV, DIN VDE 0100-410 [5.3] und DIN VDE 0100-540 [5.4] jeweils vom Juni 2007,

- Erdungsmaßnahmen für Blitzschutzsysteme, DIN EN 62305-3 (**VDE 0185-305-3**) vom Oktober 2011 [5.5],

- Erdungsmaßnahmen für Anlagen der Informationstechnik DIN EN 50310 (**VDE 0800-2-310**) [5.6] vom Mai 2011,

- Erdungsmaßnahmen für Antennen und Kommunikationsanlagen Normenreihe DIN EN 60728 (**VDE 0855**) [5.7] und DIN VDE 0855 [5.8].

In Ausnahmefällen sind auch die Erfordernisse für Bahnerdungen zu beachten, die sich aus dem Betrieb elektrischer Bahnen ergeben. Die Bahnerdung wird in der DIN EN 50122-1 (**VDE 0115-3**) geregelt (siehe [5.9] und [5.10]).

Der Planer muss im Vorfeld der Planung alle erforderlichen Informationen einholen, z. B.

- Netzform,

- Kurzschlussstrom,

- Fehlerdauer,

- spezifischer Bodenwiderstand,

- Fundamentaufbau.

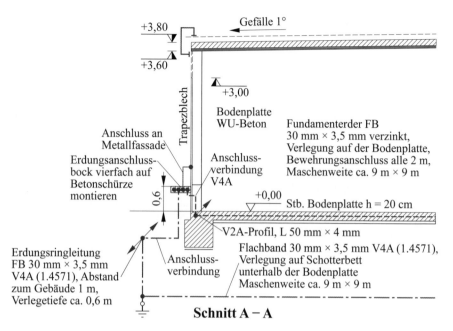

Bild 5.1 Beispiel für die Darstellung von Details einer Erdungsanlage

Anhand genau festzulegender Qualitätskriterien muss festgelegt werden, wie die planerisch erarbeiteten Ziele erreicht werden können. Hierzu gehören detaillierte Ausführungspläne (**Bild 5.1**), genaue Funktionsbeschreibungen und eine sorgfältige Ausführungsüberwachung. Alle später nicht mehr zugänglichen Details sind durch Fotos zu dokumentieren. Um Schnittstellenprobleme zu vermeiden, sollte die Ausführung aller Erdungsmaßnahmen nur durch eine Fachfirma erfolgen, die die erforderlichen Kenntnisse aus den zuvor genannten Bereichen hat.

5.2   Hinweise für Erdungsanlagen in Industrieanlagen

Die Auslegung von Erdungsanlagen muss folgende Anforderungen erfüllen:

• Die mechanische Festigkeit und Korrosionsbeständigkeit muss sichergestellt sein.

• Der höchste Fehlerstrom (üblicherweise errechnet) muss aus thermischer Sicht beherrscht werden.

• Die Beschädigung von Sachen und Betriebsmitteln muss vermieden werden.

• Die Sicherheit von Personen im Hinblick auf Spannungen an Erdungsanlagen, die während des höchsten Erdfehlerstroms auftreten, muss gewährleistet sein.

In einer Anlage mit unterschiedlichen Nennspannungen sind die vier Anforderungen für jedes Hochspannungsnetz zu erfüllen. Erdungsanlagen können aus Oberflächenerdern (Maschen-, Ring- oder Tiefenerder) und/oder einem Fundamenterder erstellt werden. Für Neubauten muss grundsätzlich ein Fundamenterder nach DIN 18014 [5.11] erstellt werden (siehe auch [5.4]).

Der Fundamenterder ist durch zusätzliche Erder nach Erfordernis zu ergänzen, z. B. Tiefenerder, wenn zusätzliche Anforderungen an einen bestimmten Erdungswiderstand gestellt werden oder die Fundamentplatte zu geringe Abmessungen hat. Üblicherweise fordern die Netzbetreiber (NB) einen Erdungswiderstand $< 2\ \Omega$ für die Betriebserder einer Mittelspannungsanlage. Unter Blitzschutzgesichtspunkten muss die Erdungsanlage den Anforderungen der Blitzschutzklasse entsprechen.

Wesentlich für die Nutzung einer Erdungsanlage sind die Anschlussmöglichkeiten für den Potentialausgleich. Grundsätzlich gilt: Lieber eine Anschlussmöglichkeit zu viel. Zu wenige Anschlussmöglichkeiten führen nur dazu, dass unnötige Potentialausgleichleitungen verlegt werden. Wenige Anschlussmöglichkeiten können zu unnötigen Potentialdifferenzen führen.

Erdungsanlagen müssen daher Anschlussfahnen oder Erdungsfestpunkte haben. Lage und Anordnung sind im Vorfeld der Planung genau festzulegen und zu vermaßen. Während der Ausführungsphase ist darauf zu achten, dass „störende" Anschlussbahnen nicht durch Nachbargewerke beschädigt oder abgeschnitten werden. Um dies zu vermeiden, sind Anschlussfahnen eindeutig zu kennzeichnen.

Besonders geeignet sind Erdungsfestpunkte. Deren Anschlussplatte besteht aus nicht rostendem Material mit einer Gewindebohrung von mind. M10. Richtig montiert können Erdungsfestpunkte nicht beschädigt oder durch Korrosion in ihrer Funktionstüchtigkeit beeinträchtigt werden. Bei der Montage ist darauf zu achten, dass die Erdungsfestpunkte mit dem Fundamenterder und mit der Verschalung sicher verbunden sind. Zur Stabilisierung ist der Erdungsfestpunkt noch zusätzlich mit der Bewehrung zu verbinden. In der Praxis kann es vorkommen, dass zwischen Erdungsfestpunkt und Verschalung Beton laufen kann oder der Erdungsfestpunkt nicht direkt auf die Verschalung genagelt werden darf. Die Lage der Erdungsfestpunkte muss dokumentiert werden, damit diese nach dem Ausschalen freigelegt werden können. Im Gegensatz zu Anschlussfahnen können Erdungsfestpunkte kaum beschädigt werden und eignen sich auch für die Erdung von starkstromtechnischen Einrichtungen.

Neben den herkömmlichen Erdungsfestpunkten aus nicht rostendem Stahl stehen auch Erdungsfestpunkte aus Messing zur Verfügung, die für eine Belastung durch hohe Stromstärken ausgelegt sind.

Erdungsfestpunkte eignen sich sehr gut im Bereich von Kabeleinführungen, Verteilungen und Maschinenfundamente.

5.3   Vermaschtes Erdungsnetz und Verbindungsleitungen zu Nachbargebäuden

Erdungsanlagen von benachbarten Gebäuden einer Liegenschaft sind miteinander zu verbinden, wenn energie- und informationstechnische Leitungen zwischen diesen Gebäuden verlaufen. Über Kabeltrassen von leittechnischen Kabeln sollten grundsätzlich Erdungsleiter verlegt werden, die mit der jeweiligen Gebäudeerdungsanlage zu verbinden sind.

5.4   Berechnung des zu erwartenden Ausbreitungswiderstands

Bei Betriebserden, Funktionserden usw. kann es vorkommen, dass ein bestimmter Ausbreitungswiderstand sicher unterschritten werden soll (z. B. < 2 Ω). In diesen Fällen kann es sinnvoll sein, schon vorab durch Berechnungen den Aufwand abzuschätzen, der erforderlich ist, um diesen Wert zu erreichen. In der DIN EN 50552 (**VDE 0101-2**), Abschnitt J.2 werden für diese Anwendungsfälle verschiedene Näherungsformeln genannt ([5.1, 5.2]).

5.4.1   Ausbreitungswiderstand eines Maschenerders

Ausbreitungswiderstand eines Maschenerders: $R_E = \dfrac{\rho_E}{2 \cdot D}$

ρ_E spezifischer Bodenwiderstand in Ohmmeter,

D Durchmesser eines Kreises, der den gleichen Flächeninhalt wie der Maschenerder hat.

Der Ausbreitungswiderstand eines Fundamenterder darf so gerechnet werden, als wenn der Erder im umgebenden Erdreich verlegt wird.

Beispiel

Berechnung des zu erwartenden Ausbreitungswiderstands eines Fundamenterders für eine Transformatorstation.

Transformatorstation: $A = 4$ m $B = 8$ m

Bodenplatte: -1 m

spezifischer Erdwiderstand $\rho_{E(-1\,m)}$:   200 Ωm

$$D = \sqrt{\frac{4 \cdot A \cdot B}{\pi}} = 6,38 \text{ m},$$

$$R_E = \frac{200}{2 \cdot 6,38} = 15,67 \ \Omega.$$

5.4.2 Ausbreitungswiderstand eines Banderders

Ausbreitungswiderstand eines Banderders: $R_{EB} = \dfrac{\rho_E}{\pi \cdot l} \cdot \ln \dfrac{2 \cdot l}{d}$

ρ_E spezifischer Bodenwiderstand,

l Länge des Erderbands in Meter,

$D = \dfrac{l}{\pi}$ Durchmesser des Ringerders in Meter,

d Durchmesser eines Rundleiters/-seil oder halbe Breite eines Erderbands in Meter.

5.4.3 Ausbreitungswiderstand eines Ringerders

Ausbreitungswiderstand eines Ringerders: $R_{ER} = \dfrac{\rho_E}{\pi \cdot l} \cdot \ln \dfrac{2\pi \cdot D}{d}$

ρ_E spezifischer Bodenwiderstand,

l Länge des Erderbands in Meter,

$D = \dfrac{l}{\pi}$ Durchmesser des Ringerders in Meter,

d Durchmesser eines Rundleiters/-seil oder halbe Breite eines Erderbands in Meter.

Beispiel

Berechnung des zu erwartenden Ausbreitungswiderstands eines Ringerders für eine Transformatorstation.

Transformatorstation:	$A = 4$ m	$B = 8$ m
Verlegetiefe des Ringerders:	$-1{,}0$ m	
spezifischer Erdwiderstand $\rho_{E(-0{,}5\,m)}$:	$350 \ \Omega m$	
Erdleiter aus Flachband 30 mm × 3,5 mm:	$d = 0{,}015$ m	
Länge l des Erderbands:	32 m	

$$D = \frac{32}{\pi} = 10{,}19 \text{ m,}$$

$$R_{ER} = \frac{350}{\pi \cdot 32} \cdot \ln \frac{2\pi \cdot 10{,}19}{0{,}015} = 29{,}10 \ \Omega.$$

5.4.4   Ausbreitungswiderstand eines Tiefenerders

Ausbreitungswiderstand eines Tiefenerders: $R_{ET} = \dfrac{\rho_E}{2\pi \cdot l} \cdot \ln \dfrac{4 \cdot l}{d}$

ρ_E spezifischer Bodenwiderstand,
l Länge des Tiefenerders in Meter,
d Durchmesser des Tiefenerders in Meter.

Beispiel

Berechnung des zu erwartenden Ausbreitungswiderstands von Tiefenerdern für eine Transformatorstation.

Transformatorstation: $A = 4$ m $B = 8$ m
spezifischer Erdwiderstand ρ_E: siehe **Tabelle 5.1**
Länge der Tiefenerder: 9 m und 21 m
Durchmesser der Tiefenerder: 0,02 m

Sondenabstand s in m	Gemessener Widerstand R in Ω	Berechneter spezifischer Erdwiderstand ρ_E in Ωm
1	31,8	200
2	8,91	112
4	2,17	55
6	1,98	75
9	1,49	84

Tabelle 5.1 Ermittlung des spezifischen Bodenwiderstands nach der Wenner-Methode

Für einen Tiefenerder mit einer Länge von 9 m ergibt sich damit ein Ausbreitungswiderstand von:

$$R_{ET} = \frac{84}{2\pi \cdot 9} \cdot \ln \frac{4 \cdot 9}{0,02} = 11,13 \ \Omega.$$

Unter der Annahme, dass der spezifische Bodenwiderstand sich nicht wesentlich ändert, ergibt sich für einen Tiefenerder mit einer Länge von 21 m folgender Ausbreitungswiderstand:

$$R_{ET} = \frac{84}{2\pi \cdot 21} \cdot \ln \frac{4 \cdot 21}{0,02} = 5,31 \ \Omega.$$

Beispiel

Berechnung des zu erwartenden Ausbreitungswiderstands von vier Tiefenerdern für eine Transformatorstation.

Ausgehend von der Annahme eines konstanten spezifischen Bodenwiderstands soll der Gesamtausbreitungswiderstand berechnet werden, der sich ergibt, wenn an jeder Ecke der Transformatorstation ein Tiefenerder von 21 m in das Erdreich eingebracht wird.

Eine vereinfachte überschlägige Berechnung des Gesamterdungswiderstands ergibt folgendes Ergebnis:

$$R_{ET4} = \frac{R_{ET}}{n} = \frac{5,31}{4} = 1,33 \ \Omega$$

n   Anzahl der Tiefenerder.

Dieser berechnete Wert berücksichtigt jedoch nicht die gegenseitige Beeinflussung der Tiefenerder, sodass der resultierende Gesamtausbreitungswiderstand im Endeffekt größer ist. *Hermann Neuhaus* hat in [5.12] für diese Beeinflussung Faktoren für eine kreisförmige Erderanordnung berechnet, die auf den Berechnungsformeln von *Walther Koch* basieren [5.13] (**Tabelle 5.2**). Ist die idealisierte kreisförmige Anordnung nicht gegeben, z. B. durch eine rechteckige Anordnung, so weichen die Beeinflussungsfaktoren ab. Die Berechnung für diese Fälle ist jedoch sehr umständlich und zeitraubend, sodass der Einfachheit halber die kreisförmige Anordnung zur Anwendung kommt.

Anzahl der Tiefenerder *n*	Beeinflussungsfaktor *k*
2	1,13
3	1.28
4	1.55
6	1,85
8	2,25

Tabelle 5.2 *k*-Werte für mehrere Tiefenerder
(Quelle: DIN EN 62305-1 (**VDE 0185-305-1**), Tabelle 3 [5.12])

Weitere *k*-Werte können nach [5.13], Formel 36 in der Norm, nach Bedarf berechnet werden.

Unter Berücksichtigung dieser Ausführungen ergibt sich dann folgender Ausbreitungswiderstand für vier Tiefenerder:

$$R_{\text{ET4}} = \frac{R_{\text{ET}}}{n} \cdot k = \frac{5,31}{4} \cdot 1,55 = 2,06\ \Omega.$$

Werden diese Tiefenerder durch einen Ringerder verbunden, dann reduziert sich der Gesamtausbreitungswiderstand etwas. Für eine überschlägige Berechnung spielt dies jedoch nur eine untergeordnete Rolle, da durch die Annahme eines homogenen Erdreichs nur Näherungswerte errechnet werden.

Wird ein bestimmter Gesamtausbreitungswiderstand vorgegeben, dann sind die einzelnen Messwerte in einem Messprotokoll zu dokumentieren. Dabei ist auf folgende Vorgehensweise zu achten:

- Der Standort von Hilfserder und Sonde ist so festzulegen, dass eine Beeinflussung der Messung durch zu geringe Abstände zu den zu messenden Erdern oder Erdungsanlage vermieden wird. Der Standort sollte dokumentiert werden, damit die Ergebnisse späterer Nachmessungen vergleichbar sind.

- Die Widerstandswerte des Erders E1 sind fortlaufend zu protokollieren.

- Mit dem Erder E2 und weiteren Erdern ist ebenso zu verfahren, dabei ist jeweils der Gesamtausbreitungswiderstand von E1/E2, E1 … E3 bis E1 … En zu messen. Mit dieser Vorgehensweise kann man die Entwicklung des Gesamtausbreitungswiderstands bis zum gewünschten Widerstandswert nachverfolgen und dokumentieren (**Bild 5.2**).

Müssen sehr niedrige Erdungswiderstände gemessen werden (z. B. < 1 Ω), dann sollte der Ausbreitungswiderstand des Hilfserders nicht mehr als das Hundertfache des zu messenden Ausbreitungswiderstands betragen.

Es empfiehlt sich, dass Einzelerder einen Abstand zueinander einhalten sollten, der mind. der Eintreiblänge entspricht. Je besser man diese Vorgabe einhält, umso geringer ist die gegenseitige Beeinflussung. Stellenweise werden zum Teil noch größere Abstände genannt. In der Regel sind jedoch die Örtlichkeiten, die für Tiefenerder zur Verfügung stehen, begrenzt. In diesen Fällen kann es durchaus sinnvoll sein, an einer Stelle drei Tiefenerder zu installieren, die dann in einem Neigungswinkel von 45° und um 120° versetzt angeordnet werden.

Weitergehende Angaben zur Berechnung von Erdungsanlagen enthält [5.13].

Messprotokoll für Tiefenerder

Auftraggeber:	Mustermann AG			
Auftrags-Nr.:		vom:		
Baustelle:	10 kV Trafostation	Prüfdatum:		
Prüfer:		Witterung:	Feucht	
Normen:	DIN EN 50522 (VDE 0101-2): 2011-11 DIN EN 62305-3 (VDE 0185-305-3): 2011-11			
Messmethode	Messung gegen Sonde und Hilfserder gemäß DIN VDE 0101-2, Abschnitt L.2.2			
Messgerät:				
Widerstand Hilfserder:	1200 Ω	Widerstand Sonde:	1950 Ω	
Erder Material	Tiefenerder: Rundstahl 20 mm, verzinkt Erdungsleitung: Flachband 30 x 3,5 mm, V4A			

Erderlänge	Erder 1 Ω	Erder 2 Ω	Erder 3 Ω	Erder 4 Ω	Erder 5 Ω	Erder 6 Ω	Erder 7 Ω	Erder 8 Ω	Gesamterdungs-widerstand Ω
1,5 m	61	66	85	53					E1 – E 2 = 7
3,0 m	85	67	87	54					E1 – E 3 = 5,1
4,5 m	102	73	83	53					E1 – E 4 = 4,6
6,0 m	178	68	91	49					
7,5 m	54	52	39	46					
9,0 m	38	36	35	23					
10,5 m	26	27	25	21					
12,0 m	21	22	20	17					
13,5 m	17	18	17	14					
15,0 m	15	16	15	13					
16,5 m	13	13	13	11					
18,0 m	**12**	**13**	**12**	**10**					
19,5 m									
21,0 m									

A) Betriebserde: 4,6 Ω   **B) Blitzschutzerde: 8,5 Ω**   **C) Gesamtwiderstand A) + B): 2.94 Ω**

Bemerkungen:

Die Betriebserde der Trafostation wurde 1959 erstellt. Untersuchungen haben ergeben, dass die Betriebserde durch Korrosion so geschwächt ist, dass die vorgeschriebenen Mindestquerschnitte deutlich unterschritten werden. Die Betriebssicherheit und die Schutzfunktion ist im Fehlerfall nicht mehr gegeben. Für die neue Betriebserde wird ein Gesamterdungswiderstand < 5 Ohm gefordert. An der Haupt-Erdungsschiene wird eine Verbindung zur Erdungsanlage des Blitzschutzsystems hergestellt. Die Erdungsanlage für den Blitzschutz befindet sich in einem einwandfreien Zustand.

Ort, den   Unterschrift:

Bild 5.2 Beispiel: Messprotokoll für Tiefenerder

5.5   Literatur

[5.1]   DIN EN 61936-1 (**VDE 0101-1**):2014-12 Starkstromanlagen mit
        Nennwechselspannungen über 1 kV – Teil 1: Allgemeine Bestimmungen.
        Berlin · Offenbach: VDE VERLAG

[5.2]   DIN EN 50552 (**VDE 0101-2**):2011-11 Erdung von Starkstromanlagen mit
        Nennwechselspannungen über 1 kV. Berlin · Offenbach: VDE VERLAG

[5.3]   DIN VDE 0100-410 (**VDE 0100-410**):2007-06 Errichten von Niederspan-
        nungsanlagen – Teil 4-41: Schutzmaßnahmen – Schutz gegen elektrischen
        Schlag. Berlin · Offenbach: VDE VERLAG

[5.4]   DIN VDE 0100-540 (**VDE 0100-540**):2012-06 Errichten von Nieder-
        spannungsanlagen – Teil 5-54: Auswahl und Errichtung elektrischer
        Betriebsmittel – Erdungsanlagen und Schutzleiter. Berlin · Offenbach:
        VDE VERLAG

[5.5]   DIN EN 62305-3 (**VDE 0185-305-3**):2011-10 Blitzschutz – Teil 3: Schutz
        von baulichen Anlagen und Personen. Berlin · Offenbach: VDE VERLAG

[5.6]   DIN EN 50310 (**VDE 0800-2-310**):2011-05 Anwendung von Maßnahmen
        für Erdung und Potentialausgleich in Gebäuden mit Einrichtungen der
        Informationstechnik. Berlin · Offenbach: VDE VERLAG

[5.7]   DIN EN 60728-11 (**VDE 0855-1**):2011-06 Kabelnetze für Fernsehsignale,
        Tonsignale und interaktive Dienste – Teil 11: Sicherheitsanforderungen.
        Berlin · Offenbach: VDE VERLAG

[5.8]   DIN VDE 0855-300 (**VDE 0855-300**):2008-08
        Funksende-/-empfangssysteme für Senderausgangsleistungen bis 1 kW –
        Teil 300: Sicherheitsanforderungen. Berlin · Offenbach: VDE VERLAG

[5.9]   *Fendrich, L.*; *Fengler, W.*: Handbuch Eisenbahninfrastruktur.
        Berlin · Heidelberg: Springer Vieweg, 2013. – ISBN 978-3-642-30020-2

[5.10] *Budde, Ch.*: Überarbeitung der EN 50122: Bahnanwendungen –
        Ortsfeste Anlagen – Elektrische Sicherheit, Erdung und Rückstromführung.
        BahnPraxis E Zeitschrift für Elektrofachkräfte zur Förderung der Betriebs-
        und Arbeitssicherheit bei der Deutschen Bahn AG 14 (2011) H. 2, S. 3

[5.11] DIN 18014:2014-03 Fundamenterder – Planung, Ausführung und
        Dokumentation. Berlin: Beuth

[5.12] DIN EN 62305-1 (**VDE 0185-305-1**):2011-10 Blitzschutz –
        Teil 1: Allgemeine Grundsätze. Berlin · Offenbach: VDE VERLAG

[5.13] *Koch, W.*: Erdungen in Wechselstromanlagen über 1 kV. Berlin (u. a.):
        Springer, 1961

5.6 Weiterführende Literatur

[5.14] DIN EN 62305-2 (**VDE 0185-305-2**):2013-02 Blitzschutz –
Teil 2: Risiko-Management. Berlin · Offenbach: VDE VERLAG

[5.15] DIN EN 62305-4 (**VDE 0185-305-4**):2011-10 Blitzschutz –
Teil 4: Elektrische und elektronische Systeme in baulichen Anlagen.
Berlin · Offenbach: VDE VERLAG

[5.16] DIN EN 62305-3 Beiblatt 1 (**VDE 0185-305-3 Beiblatt 1**):2012-10
Blitzschutz – Teil 3: Schutz von baulichen Anlagen und Personen –
Beiblatt 1: Zusätzliche Informationen zur Anwendung der DIN EN 62305-3
(VDE 0185-305-3). Berlin · Offenbach: VDE VERLAG

[5.17] DIN EN 62305-3 Beiblatt 2 (**VDE 0185-305-3 Beiblatt 2**):2012-10
Blitzschutz – Teil 3: Schutz von baulichen Anlagen und Personen –
Beiblatt 2: Zusätzliche Informationen für besondere bauliche Anlagen.
Berlin · Offenbach: VDE VERLAG

[5.18] DIN EN 62305-3 Beiblatt 3 (**VDE 0185-305-3 Beiblatt 3**):2012-10
Blitzschutz – Teil 3: Schutz von baulichen Anlagen und Personen –
Beiblatt 3: Zusätzliche Informationen für die Prüfung und Wartung von
Blitzschutzsystemen. Berlin · Offenbach: VDE VERLAG

[5.19] DIN EN 62305-3 Beiblatt 4 (**VDE 0185-305-3 Beiblatt 4**):2008-01
Blitzschutz – Teil 3: Schutz von baulichen Anlagen und Personen –
Beiblatt 4: Verwendung von Metalldächern in Blitzschutzsystemen.
Berlin · Offenbach: VDE VERLAG

[5.20] DIN EN 62305-3 Beiblatt 5 (**VDE 0185-305-3 Beiblatt 5**):2014-02
Blitzschutz – Teil 3: Schutz von baulichen Anlagen und Personen –
Beiblatt 5: Blitz- und Überspannungsschutz für PV-Stromversorgungs-
systeme. Berlin · Offenbach: VDE VERLAG

[5.21] DIN EN 62561-1 (**VDE 0185-561-1**):2013-02 Blitzschutzsystembauteile
(LPSC) – Teil 1: Anforderungen an Verbindungsbauteile.
Berlin · Offenbach: VDE VERLAG

[5.22] DIN EN 62561-2 (**VDE 0185-561-2**):2013-02 Blitzschutzsystembauteile
(LPSC) – Teil 2: Anforderungen an Leiter und Erder. Berlin · Offenbach:
VDE VERLAG

[5.23] DIN EN 62561-3 (**VDE 0185-561-3**):2013-02 Blitzschutzsystembauteile
(LPSC) – Teil 3: Anforderungen an Trennfunkenstrecken.
Berlin · Offenbach: VDE VERLAG

[5.24] DIN EN 62561-4 (**VDE 0185-561-4**):2012-01 Blitzschutzsystembauteile
(LPSC) – Teil 4: Anforderungen an Leitungshalter. Berlin · Offenbach:
VDE VERLAG

[5.25] DIN EN 62561-5 (**VDE 0185-561-5**):2012-01 Blitzschutzsystembauteile
(LPSC) – Teil 5: Anforderungen an Revisionskästen und
Erderdurchführungen. Berlin · Offenbach: VDE VERLAG

[5.26] DIN EN 62561-6 (**VDE 0185-561-6**):2012-03 Blitzschutzsystembauteile
(LPSC) – Teil 6: Anforderungen an Blitzzähler (LSC). Berlin · Offenbach:
VDE VERLAG

[5.27] DIN EN 62561-7 (**VDE 0185-561-7**):2012-08 Blitzschutzsystembauteile
(LPSC) – Teil 7: Anforderungen an Mittel zur Verbesserung der Erdung.
Berlin · Offenbach: VDE VERLAG

[5.28] DIN VDE 0100-443 (**VDE 0100-443**):2007-06 Errichten von Nieder-
spannungsanlagen – Teil 4-44: Schutzmaßnahmen – Schutz bei
Störspannungen und elektromagnetischen Störgrößen – Abschnitt 443:
Schutz bei Überspannungen infolge atmosphärischer Einflüsse oder von
Schaltvorgängen. Berlin · Offenbach: VDE VERLAG

[5.29] DIN EN 61400-24 (**VDE 0127-24**):2011-04 Windenergieanlagen –
Teil 24: Blitzschutz. Berlin · Offenbach: VDE VERLAG

[5.30] DIN EN 60079-14 (**VDE 0165-1**):2009-05 Explosionsfähige Atmosphäre
– Teil 14: Projektierung, Auswahl und Errichtung elektrischer Anlagen.
Berlin · Offenbach: VDE VERLAG

[5.31] DIN VDE 0151 (**VDE 0151**):1986-06 Werkstoffe und Mindestmaßnahmen
von Erdern bezüglich der Korrosion. Berlin · Offenbach: VDE VERLAG

[5.32] DIN EN 50174-2 (**VDE 0800-174-2**):2015-xx Informationstechnik –
Installation von Kommunikationsverkabelung – Teil 2: Installationsplanung
und Installationspraktiken in Gebäuden. Berlin · Offenbach:
VDE VERLAG

[5.33] DIN VDE 1000-10 (**VDE 1000-10**):2009-01 Anforderungen an die im Bereich
der Elektrotechnik tätigen Personen. Berlin · Offenbach: VDE VERLAG

[5.34] DIN 18015-1:2013-09 Elektrische Anlagen in Wohngebäude –
Teil 1: Planungsgrundlagen. Berlin: Beuth

[5.35] DIN 820-2:2012-12 Normungsarbeit – Teil 2: Gestaltung von Dokumenten.
Berlin: Beuth

[5.36] DIN EN 1991-1-4:2010-12 Eurocode 1: Einwirkungen auf Tragwerke –
Teil 1-4: Allgemeine Einwirkungen – Windlasten. Berlin: Beuth

[5.37] DIN 4102 (Normenreihe) Brandverhalten von Baustoffen und Bauteilen,
Teile 1 bis 23. Berlin: Beuth

[5.38] DIN EN 13501-1:2010-01 Klassifizierung von Bauprodukten und Bauarten
zu ihrem Brandverhalten – Teil 1: Klassifizierung mit den Ergebnissen aus
den Prüfung zum Brandverhalten von Bauprodukten. Berlin: Beuth

[5.39] DIN EN 13830:2003-11 Vorhangfassaden – Produktnorm. Berlin: Beuth

[5.40] DIN EN 61643-11 (**VDE 0675-6-11**):2013-04 Überspannungsschutzgeräte für Niederspannung – Teil 11: Überspannungsschutzgeräte für den Einsatz in Niederspannungsanlagen – Anforderungen und Prüfungen. Berlin · Offenbach: VDE VERLAG

[5.41] **Betriebssicherheitsverordnung (BetrSichV)**. Verordnung über Sicherheit und Gesundheitsschutz bei der Bereitstellung von Arbeitsmitteln und deren Benutzung bei der Arbeit, über Sicherheit beim Betrieb überwachungsbedürftiger Anlagen und über die Organisation des betrieblichen Arbeitsschutzes vom 27. September 2002. BGBl. I 54 (2002) Nr. 70 vom 2.10.2002, S. 3 777–3 816. – ISSN 0341-1095, zuletzt geändert 2011

[5.42] **Störfall-Verordnung (StöV)**. Zwölfte Verordnung zur Durchführung des Bundes-Immissionsschutzgesetzes (12. BImSchV*) vom 26. April 2000, Neufassung vom 8. Juni 2005. BGBl. I 57 (2005) Nr. 33 vom 16.6.2005, S. 1 598–1 620. – ISSN 0341-1095
*) Diese Verordnung dient der Umsetzung der Richtlinie 2003/105/EG des Europäischen Parlaments und des Rates vom 16. Dezember 2003 zur Änderung der Richtlinie 96/82/EG (Seveso-II-Richtlinie, ABl. EU (2003) Nr. L 345, S. 97) sowie der Richtlinie 96/82/EG des Rates vom 9. Dezember 1996 zur Beherrschung der Gefahren bei schweren Unfällen mit gefährlichen Stoffen (ABl. EG (1997) Nr. L 10, S. 13).

[5.43] **Druckgeräteverordnung**. Vierzehnte Verordnung zum Produktsicherheitsgesetz (14. ProdSV*) vom 27. September 2002. BGBl. I 54 (2002) Nr. 70 vom 2.10.2002, S. 3 777–3 816. – ISSN 0341-1095
*) Diese Verordnung dient der Umsetzung der Richtlinie 97/23/EG (Druckgeräterichtlinie) des Europäischen Parlaments und des Rates vom 29. Mai 1997 zur Angleichung der Rechtsvorschriften der Mitgliedstaaten über Druckgeräte (Abl. EG (1997) Nr. L 181, S. 1; Abl. EG (1997) Nr. L 265, S. 110).

[5.44] **Produktsicherheitsgesetz**. Gesetz über die Neuordnung des Geräte- und Produktsicherheitsrechts (ProdSG) vom 8. November 2011. BGBl. I 63 (2011) Nr. 57, S. 2 178–2 208, Berichtigung BGBl. I 64 (2012) Nr. 6 vom 8.2.2012, S. 131. – ISSN 0341-1095

[5.45] **DGUV Vorschrift 3 (vormals BGV A3)** BG-Vorschrift. Unfallverhütungsvorschrift. Elektrische Anlagen und Betriebsmittel vom 1. April 1979 in der Fassung vom 1. Januar 1997, mit Durchführungsanweisungen vom Oktober 1996. Aktuelle Nachdruckfassung Januar 2005. Köln: Berufsgenossenschaft Energie Textil Elektro Medienerzeugnisse, 2005

[5.46] **TRBS 1001**. Technische Regeln für Betriebssicherheit – Struktur und Anwendung der Technischen Regeln für Betriebssicherheit vom 15. September 2006. BAnz. 58 (2006) Nr. 232a vom 9.12.2006, S. 5–6. – ISSN 0720-6100

[5.47] **TRBS 1111.** Technische Regeln für Betriebssicherheit – Gefährdungsbeurteilung und sicherheitstechnische Bewertung vom 15. September 2006.
BAnz. 58 (2006) Nr. 232a vom 9.12.2006, S. 7–10. – ISSN 0720-6100

[5.48] **TRBS 1112 Teil 1.** Technische Regeln für Betriebssicherheit – Explosions-
gefährdungen bei und durch Instandhaltungsarbeiten – Beurteilung und
Schutzmaßnahmen. GMBl. 61 (2010) Nr. 29 vom 12.5.2010, S. 615–619.
– ISSN 0939-4729

[5.49] **TRBS 1201 Teil 1.** Technische Regeln für Betriebssicherheit – Prüfung von
Anlagen in explosionsgefährdeten Bereichen und Überprüfung von Arbeits-
plätzen in explosionsgefährdeten Bereichen vom 15. September 2006.
BAnz. 58 (2006) Nr. 232a vom 9.12.2006, S. 20–26. – ISSN 0720-6100

[5.50] **TRBS 1203.** Technische Regeln für Betriebssicherheit – Befähigte
Personen vom 17. März 2010. GMBl. 61 (2010) Nr. 29 vom 12.5.2010,
S. 627–642. – ISSN 0939-4729 – zuletzt geändert durch Bekanntmachung
des BMAS vom 17.2.2012 – IIIb 3 – 35650. GMBl. 63 (2012) Nr. 21,
S. 386–387. – ISSN 0939-4729

[5.51] **TRBS 2152** Technische Regeln für Betriebssicherheit (inhaltsgleich:
Technische Regel für Gefahrstoffe TRGS 720) – Gefährliche explosionsfähige Atmosphäre – Allgemeines. BAnz. 58 (2006) Nr. 103a vom
2.6.2006, S. 4–7. – ISSN 0720-6100

[5.52] **TRBS 2152 Teil 3** Technische Regeln für Betriebssicherheit – Gefährliche
explosionsfähige Atmosphäre – Vermeidung der Entzündung gefährlicher
explosionsfähiger Atmosphäre. GMBl. 60 (2009) Nr. 77 vom 20.11.2009,
S. 1 583–1 597. – ISSN 0939-4729

[5.53] **TRBS 2153.** Technische Regeln für Betriebssicherheit – Vermeidung von
Zündgefahren infolge elektrostatischer Aufladungen. GMBl. 60 (2009)
Nr. 15/16 vom 9.4.2009, S. 278–326. – ISSN 0939-4729

[5.54] *Gonzalez, D.*; *Berger, F.*; *Vockeroth, D.*: Durchgang von Blitzströmen bei
Weichlotverbindungen. S. 76–81 in VDE-Fachbericht 68. Vorträge der
9. VDE/ABB-Blitzschutztagung vom 27.10.–28.10.2011 in Neu-Ulm.
Berlin · Offenbach: VDE VERLAG, 2011. – ISBN 978-3-8007-3380-4,
ISSN 0340-4161

[5.55] Dehn + Söhne Blitzplaner. Neumarkt (Oberpfalz): Dehn + Söhne, 2013. –
ISBN 978-3-9813770-0-2

[5.56] *Rock, M.*; *Gonzalez, D.*; *Noack, F.*: Blitzschutz bei Metalldächern. Kurzvortrag und Diskussion auf der 24. Sitzung des Technischen Ausschusses
ABB am 23.5.2003. Ilmenau: TU Ilmenau, 2003 (nicht veröffentlicht)

[5.57] VFF-Merkblatt FA.01:2009-09 Potentialausgleich und Blitzschutz von Vorhangfassaden. Frankfurt am Main: Verband der Fenster- und Fassadenhersteller

[5.58] VdS 2010:2010-09 Risikoorientierter Blitz- und Überspannungsschutz – Unverbindliche Richtlinien zur Schadenverhütung. Köln: VdS Schadenverhütung

[5.59] Beton.org – Wissen – Beton & Bautechnik – Weiße Wannen – Wasserundurchlässige Bauwerke aus Beton. BetonMarketing Deutschland GmbH, Erkrath: www.beton.org/druck/fachinformationen/betonbautechnik/weisse-wanne

[5.60] Bauen auf Glas. TECHNOpor Glasschaum-Granulat. TECHNOpor Handels GmbH, Krems an der Donau/Österreich: www.technopor.com/service/downloads-all/finish/6-prospekte-folder/8-technopor-schaumglasschotterfolder-allgemein

[5.61] Beton.org – Wissen – Beton & Bautechnik – Stahlfaserbeton. BetonMarketing Deutschland GmbH, Erkrath: www.beton.org/wissen/beton-bautechnik/stahlfaserbeton

[5.62] Walzbeton. Wikipedia – Online-Enzyklopädie, abgerufen am 18.10.2014: http://de.wikipedia.org/wiki/Walzbeton

[5.63] Pfahlgründung. Wikipedia – Online-Enzyklopädie, abgerufen am 18.10.2014: http://de.wikipedia.org/wiki/Pfahlgründung

[5.64] Baunetz Wissen – Beton – Pfahlgründung. Baunctz Onlinelexikon des Architekturmagazins BauNetz: www.baunetzwissen.de/standardartikel/Beton_Pfahlgruendung_151064.html

[5.65] Fundament (Bauwesen). Wikipedia – Online-Enzyklopädie, abgerufen am 18.10.2014: http://de.wikipedia.org/wiki/Fundament_(Bauwesen)

[5.66] **Energieeinsparverordnung**. Verordnung über energiesparenden Wärmeschutz und energiesparende Anlagentechnik bei Gebäuden – Zweite Verordnung zur Änderung der Energieeinsparverordnung (EnEV 2014) vom 18. November 2013. BGBl I 65 (2013) Nr. 67 vom 21.11.2013, S. 3 951–3 990. – ISSN 0341-1095

[5.67] *Freimann, Th.*: Regelungen und Empfehlungen für wasserundurchlässige (WU-)Bauwerke aus Beton. Beton-Informationen (2005) H. 3/4, S. 55–72. – ISSN 0170-9283

6 Schritt- und Berührungsspannungen

6.1 Normative Aussagen

Die Einleitung zur DIN EN 62305-3 (**VDE 0185-305-3**) [6.1] weist daraufhin, dass diese Norm sich auch mit dem Schutz vor Verletzungen von Lebewesen durch Berührungs- und Schrittspannungen in und in unmittelbarer Nähe einer baulichen Anlage befasst.

Die hierfür erforderlichen Schutzmaßnahmen werden vorgesehen, um:

1. *den gefährlichen Stromfluss durch Körper durch Isolierung freiliegender leitender Teile und/oder durch Erhöhung des spezifischen Widerstands der oberen Bodenschicht zu verringern;*
2. *das Auftreten gefährlicher Berührungs- und Schrittspannungen durch physikalische Absperrungen und/oder Warnhinweise zu verringern.*

Im Abschnitt 8 der Norm werden hierzu folgende Hinweise gegeben:

Für Berührungsspannungen gilt:

Die Gefahr wird auf ein annehmbares Maß verringert, wenn eine der folgenden Bedingungen erfüllt wird:

a) *Unter bestimmungsgemäßen Betriebsbedingungen befinden sich keine Personen in einem Umkreis von 3 m von den Ableitungen* (**Bild 6.1 a**).

b) *Ein System von mind. zehn Ableitungen, die* Abschnitt 5.3.5 der Norm *(Nutzung natürlicher Bestandteile als Ableitungseinrichtung) entsprechen, ist vorhanden.*
(Achtung, siehe Hinweis des DKE-Komitees K 251.)

c) *Der Übergangswiderstand der oberflächlichen Bodenschicht ist innerhalb von 3 m um die Ableitungen nicht kleiner als 100 kΩ* (Bild 6.1 c).

Anmerkung: Eine Schicht Isolierstoff, z. B. Asphalt mit einer Dicke von 5 cm (oder eine Schicht Kies mit einer Dicke von 15 cm), reduziert im Allgemeinen die Gefahr auf ein annehmbares Maß.

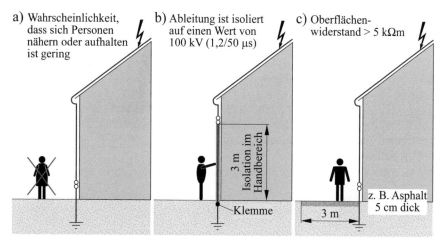

Bild 6.1 Beispiel für Schutzmaßnahmen gegen Berührungsspannungen
(Quelle: Beiblatt 1 zu DIN EN 62305-3 (**VDE 0185-305-3**), Bild 119 [6.2])

Wenn keine dieser Bedingungen erfüllt ist, müssen folgende Schutzmaßnahmen zur Vermeidung der Verletzung von Personen infolge von Berührungsspannungen ergriffen werden:

- *Aufbringen einer mind. 3 mm starken Isolierung aus vernetztem Polyethylen mit einer Stoßspannungsfestigkeit von 100 kV (1,2/50 µs) auf die ungeschützte Ableitung (Bild 6.1 b),*

- *Absperrungen und/oder Warnhinweise zur Verringerung der Wahrscheinlichkeit einer Berührung der Ableitungen.*

Für Schrittspannungen gilt:

Die Gefahr wird auf ein annehmbares Maß verringert, wenn eine der folgenden Bedingungen erfüllt wird:

a) *Unter bestimmungsgemäßen Betriebsbedingungen befinden sich keine Personen in einem Umkreis von 3 m von den Ableitungen (Bild 6.1 a).*

b) *Ein System von mind. zehn Ableitungen, die* Abschnitt 5.3.5 *der Norm (Nutzung natürlicher Bestandteile als Ableitungseinrichtung) entsprechen, ist vorhanden.*
   (Achtung, siehe Hinweis des DKE-Komitees K 251.)

c) *Der Übergangswiderstand der oberflächlichen Bodenschicht ist innerhalb von 3 m um die Ableitungen nicht kleiner als 100 kΩ (Bild 6.1 c).*

Anmerkung: Eine Schicht Isolierstoff, z. B. Asphalt mit einer Dicke von 5 cm (oder eine Schicht Kies mit einer Dicke von 15 cm), reduziert im Allgemeinen die Gefahr auf ein annehmbares Maß.

Wenn keine dieser Bedingungen erfüllt ist, müssen folgende Schutzmaßnahmen zur Vermeidung von Verletzungen von Personen infolge von Schrittspannungen ergriffen werden:

- *Potentialausgleich durch eine vermaschte Erdungsanlage (**Bild 6.2** und **Bild 6.3**);*

- *Absperrungen und/oder Warnhinweise zur Verringerung der Wahrscheinlichkeit des Betretens des gefährlichen Bereichs innerhalb von 3 m um die Ableitung (**Bild 6.4**).*

Hinweis des DKE-Komitees K 251
Die Berechtigung dieser Aussage kann von den Experten des DKE-Komitees K 251 nicht nachvollzogen werden. Anwendern dieser Norm wird daher empfohlen, diese Maßnahme zur Vermeidung von Schritt- bzw. Berührungsspannungen nicht anzuwenden und nach anderen Lösungen zu suchen!

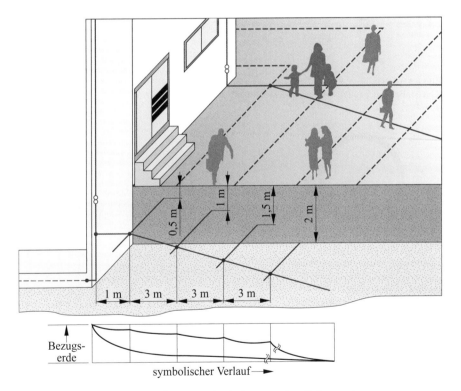

Bild 6.2 Beispiel für die Potentialabsteuerung durch ein vermaschtes Erdungssystem (Quelle: Beiblatt 1 zu DIN EN 62305-3 (**VDE 0185-305-3**), Bild 120 [6.3])

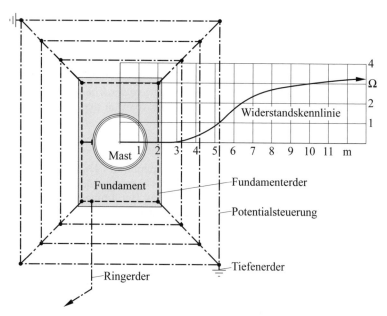

Bild 6.3 Beispiel einer Potentialabsteuerung für Masten und Türme
(Quelle: Beiblatt 1 zu DIN EN 62305-3 (**VDE 0185-305-3**), Bild 121) [6.3]

Bei Gewitter ist der
Aufenthalt im Umkreis von
3 m um die Ableitung verboten!

Bild 6.4 Hinweisschild
(Quelle: Dehn + Söhne, Neumarkt)

6.2 Praktische Hinweise

Die Anwendung der normativen Hinweise zum Schutz vor Schritt- und Berührungs-spannungen muss im Einzelfall auf ihre Wirksamkeit hin sorgfältig geprüft werden. Insgesamt wird dieses Thema zurzeit in verschiedenen Gremien des Ausschusses für Blitzschutz und Blitzforschung (ABB) im VDE intensiv diskutiert, damit für Planer, Installateure und vor allem für Schutzsuchende klare verständliche und wirksame Lösungen zur Verfügung stehen. Zum jetzigen Zeitpunkt können folgende Aussagen gemacht werden:

- Asphaltflächen mit einer Schichtdicke von 5 cm reduzieren die Gefahr durch Schritt- und Berührungsspannungen.

- Ableitungen sollten nicht im Eingangsbereich installiert werden.

- Isolierte Ableitungen, die vom Hersteller für diesen Anwendungsfall getestet und zertifiziert wurden, können eine Gefährdung reduzieren (die Installationsanlei-tungen des Herstellers sind zwingend zu beachten).

- Kiesschichten, auch wenn die Schichtdicke größer 15 cm beträgt, können nur dann eine ausreichende Lösung darstellen, wenn das Regenwasser gut abfließen kann.

- Die Wirksamkeit von Maßnahmen zur Potentialsteuerung gegen Blitzeinwir-kung wird zurzeit intensiv untersucht und ist nur bedingt vergleichbar mit der Potentialsteuerung in elektrischen Anlagen > 1 kV. Nach [6.3] und [6.4] haben Berechnungen ergeben, dass *„erst bei Maschenweiten von 25 cm oder kleiner Schrittspannungen zu erwarten sind, die keine Personengefährdung hervorrufen"* [6.3]. Der Aufwand für diese Maßnahmen kann daher mit nicht unbeträchtlichen Kosten verbunden sein.

- Es ist zu beachten, dass am Ende einer Potentialsteuerung hohe Potentialdiffe-renzen auftreten können, die in diesen Bereichen trotz der Potentialsteuerung zu Personenschäden führen kann.

- Eine Erderanordnung Typ B als Ring- oder Teilringerder ist zu bevorzugen. Tiefen-erder können für diesen Anwendungsfall nur eine unterstützende Funktion haben.

- Besteht der Schutzbereich aus einer Stahlkonstruktion, dann sind alle Stahlstützen mit dem Erdungssystem zu verbinden; in diesen Fällen sollte der Untergrund vorzugsweise aus einer Asphaltfläche bestehen.

- Werden elektrische Leitungen, z. B. Stromleitungen in Schutzhütten, verlegt, dann sind diese mithilfe von Überspannungsschutzgeräten in den Blitzschutzpotential-ausgleich einzubeziehen [6.3].

Die nachfolgenden Hinweise zeigen beispielhaft, welche Schutzmaßnahmen für eine Schutzhütte zur Anwendung kommen können.

Beispiel 1

Schutz durch einen getrennten Fangmast (**Bild 6.5** und **Bild 6.6**):

- Schutzhütten sollten vorzugsweise in den einschlaggeschützten Bereich gebracht werden. Dies kann z. B. durch einen entsprechenden Fangmast erfolgen. Der Mindestabstand zwischen Fangmast und Schutzhütte sollte 2,5 m betragen. Der Fangmast ist so zu erden, dass ein Erdungswiderstand $< 10\ \Omega$ auch bei trockenen Witterungsverhältnissen nicht wesentlich überschritten wird.

- Als Schutzraum gilt nur das Innere der Schutzhütte.

- Äste, Zweige und Bäume müssen einen Mindestabstand von 3 m einhalten. Die Kontrolle dieser Abstände ist in regelmäßigen zeitlichen Abständen zu prüfen.

- Um die Schutzhütte ist ein Ringerder als Potentialsteuerung zu verlegen. Der Ringerder ist nicht mit der Erdungsanlage des Fangmastes zu verbinden.

- Im Inneren der Schutzhütte kann die Gefährdung durch Schrittspannungen z. B. durch folgende Maßnahmen reduziert werden:

  – Asphaltdecke, Dicke 5 cm oder

  – Verlegung von Bewehrungsmatten, Maschenweite < 25 cm, mind. an den Eckpunkten mit dem Ringerder verbinden oder

  – Verlegung eines hinterlüfteten Holzbodens, Höhe mind. 10 cm.

Beispiel 2

Schutz durch Fang- und Ableitungseinrichtungen, Befestigung an der Schutzhütte (**Bild 6.7 bis Bild 6.9**):

- Als Schutzraum gilt nur das Innere der Schutzhütte.

- Fang- und Ableitungen sind so anzuordnen, dass für Personen im Inneren der Schutzhütte ein Sicherheitsabstand von mind. 25 cm eingehalten wird.

- Ableitungen sollten nicht im Eingangsbereich angeordnet werden.

- Ableitungen sind so anzuordnen, dass Personen diese nach Möglichkeit nicht berühren können.

- Um die Schutzhütte ist ein Ringerder als Potentialsteuerung zu verlegen.

- Äste, Zweige und Bäume müssen einen Mindestabstand von 3 m einhalten. Die Kontrolle dieser Abstände ist in regelmäßigen zeitlichen Abständen zu prüfen.

- Im Inneren der Schutzhütte kann eine Gefährdung durch Schrittspannungen z. B. durch folgende Maßnahmen reduziert werden:

  – Asphaltdecke, Dicke 5 cm,

  – Verlegung von Bewehrungsmatten, Maschenweite < 25 cm, mind. an den Eckpunkten mit dem Ringerder verbinden,

  – Verlegung eines hinterlüfteten Holzbodens, Höhe mind. 10 cm.

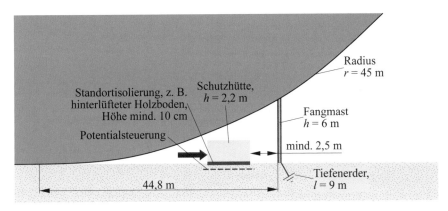

Bild 6.5 Schutz durch einen Fangmast – Seitenansicht

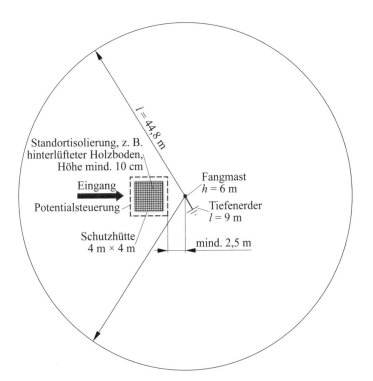

Bild 6.6 Schutz durch einen Fangmast – Draufsicht

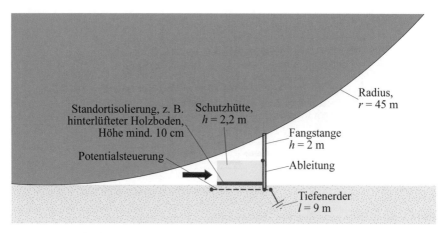

Bild 6.7 Schutz durch eine Fang- und Ableitungseinrichtung an der Schutzhütte – Seitenansicht

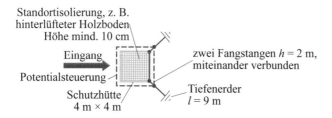

Bild 6.8 Schutz durch zwei Fang- und Ableitungseinrichtungen an der Schutzhütte – Draufsicht

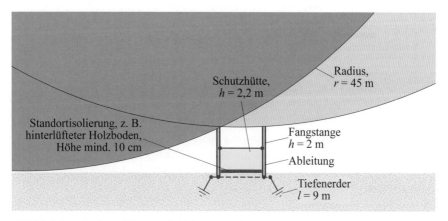

Bild 6.9 Schutz durch zwei Fang- und Ableitungseinrichtungen an der Schutzhütte – Draufsicht

6.3 Literatur

[6.1]   DIN EN 62305-3 (**VDE 0185-305-3**):2011-10 Blitzschutz – Teil 3: Schutz von baulichen Anlagen und Personen. Berlin · Offenbach: VDE VERLAG

[6.2]   DIN EN 62305-3 Beiblatt 1 (**VDE 0185-305-3 Beiblatt 1**):2012-10 Blitzschutz – Teil 3: Schutz von baulichen Anlagen und Personen – Beiblatt 1: Zusätzliche Informationen zur Anwendung der DIN EN 62305-3 (VDE 0185-305-3). Berlin · Offenbach: VDE VERLAG

[6.3]   *Raphael, T.*; *Schüngel, R.*: Blitzschutz von Schutzhütten. ep Elektropraktiker 68 (2014) H. 9, S. 740–743. – ISSN 0013-5569

[6.4]   Blitzschutz von Schutzhütten. Ausschuss für Blitzschutz und Blitzforschung (ABB) im VDE (Hrsg.). Frankfurt am Main: VDE, 2013. – Onlinedokument unter www.vde.com/schutzhuette

6.4 Weiterführende Literatur

[6.5]   DIN EN 62305-1 (**VDE 0185-305-1**):2011-10 Blitzschutz – Teil 1: Allgemeine Grundsätze. Berlin · Offenbach: VDE VERLAG

[6.6]   DIN EN 62305-2 (**VDE 0185-305-2**):2013-02 Blitzschutz – Teil 2: Risiko-Management. Berlin · Offenbach: VDE VERLAG

[6.7]   DIN EN 62305-4 (**VDE 0185-305-4**):2011-10 Blitzschutz – Teil 4: Elektrische und elektronische Systeme in baulichen Anlagen. Berlin · Offenbach: VDE VERLAG

[6.8]   DIN EN 62305-3 Beiblatt 2 (**VDE 0185-305-3 Beiblatt 2**):2012-10 Blitzschutz – Teil 3: Schutz von baulichen Anlagen und Personen – Beiblatt 2: Zusätzliche Informationen für besondere bauliche Anlagen. Berlin · Offenbach: VDE VERLAG

[6.9]   DIN EN 62305-3 Beiblatt 3 (**VDE 0185-305-3 Beiblatt 3**):2012-10 Blitzschutz – Teil 3: Schutz von baulichen Anlagen und Personen – Beiblatt 3: Zusätzliche Informationen für die Prüfung und Wartung von Blitzschutzsystemen. Berlin · Offenbach: VDE VERLAG

[6.10] DIN EN 62305-3 Beiblatt 4 (**VDE 0185-305-3 Beiblatt 4**):2008-01 Blitzschutz – Teil 3: Schutz von baulichen Anlagen und Personen – Beiblatt 4: Verwendung von Metalldächern in Blitzschutzsystemen. Berlin · Offenbach: VDE VERLAG

[6.11] DIN EN 62305-3 Beiblatt 5 (**VDE 0185-305-3 Beiblatt 5**):2014-02
        Blitzschutz – Teil 3: Schutz von baulichen Anlagen und Personen –
        Beiblatt 5: Blitz- und Überspannungsschutz für PV-Stromversorgungs-
        systeme. Berlin · Offenbach: VDE VERLAG

[6.12] DIN EN 62561-1 (**VDE 0185-561-1**):2013-02 Blitzschutzsystembauteile
        (LPSC) – Teil 1: Anforderungen an Verbindungsbauteile.
        Berlin · Offenbach: VDE VERLAG

[6.13] DIN EN 62561-2 (**VDE 0185-561-2**):2013-02 Blitzschutzsystembauteile
        (LPSC) – Teil 2: Anforderungen an Leiter und Erder. Berlin · Offenbach:
        VDE VERLAG

[6.14] DIN EN 62561-3 (**VDE 0185-561-3**):2013-02 Blitzschutzsystembauteile
        (LPSC) – Teil 3: Anforderungen an Trennfunkenstrecken.
        Berlin · Offenbach: VDE VERLAG

[6.15] DIN EN 62561-4 (**VDE 0185-561-4**):2012-01 Blitzschutzsystembauteile
        (LPSC) – Teil 4: Anforderungen an Leitungshalter. Berlin · Offenbach:
        VDE VERLAG

[6.16] DIN EN 62561-5 (**VDE 0185-561-5**):2012-01 Blitzschutzsystembauteile
        (LPSC) – Teil 5: Anforderungen an Revisionskästen und
        Erderdurchführungen. Berlin · Offenbach: VDE VERLAG

[6.17] DIN EN 62561-6 (**VDE 0185-561-6**):2012-03 Blitzschutzsystembauteile
        (LPSC) – Teil 6: Anforderungen an Blitzzähler. Berlin · Offenbach:
        VDE VERLAG

[6.18] DIN EN 62561-7 (**VDE 0185-561-7**):2012-08 Blitzschutzsystembauteile
        (LPSC) – Teil 7: Anforderungen an Mittel zur Verbesserung der Erdung.
        Berlin · Offenbach: VDE VERLAG

[6.19] DIN EN 61936-1 (**VDE 0101-1**):2014-12 Starkstromanlagen mit
        Nennwechselspannungen über 1 kV – Teil 1: Allgemeine Bestimmungen.
        Berlin · Offenbach: VDE VERLAG

[6.20] DIN EN 50552 (**VDE 0101-2**):2011-11 Erdung von Starkstromanlagen mit
        Nennwechselspannungen über 1 kV. Berlin · Offenbach: VDE VERLAG

[6.21] DIN VDE 0100-410 (**VDE 0100-410**):2007-06 Errichten von
        Niederspannungsanlagen – Teil 4-41: Schutzmaßnahmen – Schutz gegen
        elektrischen Schlag. Berlin · Offenbach: VDE VERLAG

[6.22] DIN VDE 0100-443 (**VDE 0100-443**):2007-06 Errichten von
        Niederspannungsanlagen – Teil 4-44: Schutzmaßnahmen – Schutz bei
        Störspannungen und elektromagnetischen Störgrößen – Abschnitt 443:
        Schutz bei Überspannungen infolge atmosphärischer Einflüsse oder von
        Schaltvorgängen. Berlin · Offenbach: VDE VERLAG

[6.23] DIN VDE 0100-540 (**VDE 0100-540**):2012-06 Errichten von Nieder-spannungsanlagen – Teil 5-54: Auswahl und Errichtung elektrischer Betriebsmittel – Erdungsanlagen und Schutzleiter. Berlin · Offenbach: VDE VERLAG

[6.24] DIN EN 61400-24 (**VDE 0127-24**):2011-04 Windenergieanlagen – Teil 24: Blitzschutz. Berlin · Offenbach: VDE VERLAG

[6.25] DIN EN 60079-14 (**VDE 0165-1**):2014-10 Explosionsgefährdete Bereiche – Teil 14: Projektierung, Auswahl und Errichtung elektrischer Anlagen. Berlin · Offenbach: VDE VERLAG

[6.26] DIN VDE 0151 (**VDE 0151**):1986-06 Werkstoffe und Mindestmaßnahmen von Erdern bezüglich der Korrosion. Berlin · Offenbach: VDE VERLAG

[6.27] DIN EN 50174-2 (**VDE 0800-174-2**):2015-xx Informationstechnik – Installation von Kommunikationsverkabelung – Teil 2: Installationsplanung und Installationspraktiken in Gebäuden. Berlin · Offenbach: VDE VERLAG

[6.28] DIN EN 50310 (**VDE 0800-2-310**):2011-05 Anwendung von Maßnahmen für Erdung und Potentialausgleich in Gebäuden mit Einrichtungen der Informationstechnik. Berlin · Offenbach: VDE VERLAG

[6.29] DIN EN 60728-11 (**VDE 0855-1**):2011-06 Kabelnetze für Fernsehsignale, Tonsignale und interaktive Dienste – Teil 11: Sicherheitsanforderungen. Berlin · Offenbach: VDE VERLAG

[6.30] DIN VDE 0855-300 (**VDE 0855-300**):2008-08 Funksende-/-empfangssysteme für Senderausgangsleistungen bis 1 kW – Teil 300: Sicherheitsanforderungen. Berlin · Offenbach: VDE VERLAG

[6.31] DIN VDE 1000-10 (**VDE 1000-10**):2009-01 Anforderungen an die im Bereich der Elektrotechnik tätigen Personen. Berlin · Offenbach: VDE VERLAG

[6.32] DIN 18014:2014-03 Fundamenterder – Planung, Ausführung und Dokumentation. Berlin: Beuth

[6.33] DIN 18015-1:2013-09 Elektrische Anlagen in Wohngebäude – Teil 1: Planungsgrundlagen. Berlin: Beuth

[6.34] DIN 820-2:2012-12 Normungsarbeit – Teil 2: Gestaltung von Dokumenten. Berlin: Beuth

[6.35] DIN EN 1991-1-4:2010-12 Eurocode 1: Einwirkungen auf Tragwerke – Teil 1-4: Allgemeine Einwirkungen – Windlasten. Berlin: Beuth

[6.36] DIN 4102 (Normenreihe) Brandverhalten von Baustoffen und Bauteilen, Teile 1 bis 23. Berlin: Beuth

[6.37] DIN EN 13501-1:2010-01 Klassifizierung von Bauprodukten und Bauarten
        zu ihrem Brandverhalten – Teil 1: Klassifizierung mit den Ergebnissen aus
        der Prüfung zum Brandverhalten von Bauprodukten. Berlin: Beuth

[6.38] DIN EN 13830:2003-11 Vorhangfassaden – Produktnorm. Berlin: Beuth

[6.39] DIN EN 61643-11 (**VDE 0675-6-11**):2013-04 Überspannungsschutzgeräte
        für Niederspannung – Teil 11: Überspannungsschutzgeräte für den
        Einsatz in Niederspannungsanlagen – Anforderungen und Prüfungen.
        Berlin · Offenbach: VDE VERLAG

[6.40] **Betriebssicherheitsverordnung (BetrSichV)**. Verordnung über Sicherheit
        und Gesundheitsschutz bei der Bereitstellung von Arbeitsmitteln und
        deren Benutzung bei der Arbeit, über Sicherheit beim Betrieb über-
        wachungsbedürftiger Anlagen und über die Organisation des betrieblichen
        Arbeitsschutzes vom 27. September 2002. BGBl. I 54 (2002) Nr. 70 vom
        2.10.2002, S. 3 777–3 816. – ISSN 0341-1095, zuletzt geändert 2011

[6.41] **Störfall-Verordnung (StöV)**. Zwölfte Verordnung zur Durchführung des
        Bundes-Immissionsschutzgesetzes (12. BImSchV[*]) vom 26. April 2000,
        Neufassung vom 8. Juni 2005. BGBl. I 57 (2005) Nr. 33 vom 16.6.2005,
        S. 1 598–1 620. – ISSN 0341-1095
        [*] Diese Verordnung dient der Umsetzung der Richtlinie 2003/105/EG des Europäischen
        Parlaments und des Rates vom 16. Dezember 2003 zur Änderung der Richtlinie
        96/82/EG (Seveso-II-Richtlinie, ABl. EU (2003) Nr. L 345, S. 97) sowie der Richtlinie
        96/82/EG des Rates vom 9. Dezember 1996 zur Beherrschung der Gefahren bei
        schweren Unfällen mit gefährlichen Stoffen (ABl. EG (1997) Nr. L 10, S. 13).

[6.42] **Druckgeräteverordnung**. Vierzehnte Verordnung zum Produktsicherheits-
        gesetz (14. ProdSV[*]) vom 27. September 2002. BGBl. I 54 (2002) Nr. 70
        vom 2.10.2002, S. 3 777–3 816. – ISSN 0341-1095
        [*] Diese Verordnung dient der Umsetzung der Richtlinie 97/23/EG (Druckgerätericht-
        linie) des Europäischen Parlaments und des Rates vom 29. Mai 1997 zur Angleichung
        der Rechtsvorschriften der Mitgliedstaaten über Druckgeräte (Abl. EG (1997) Nr. L 181,
        S. 1; Abl. EG (1997) Nr. L 265, S. 110).

[6.43] **Produktsicherheitsgesetz**. Gesetz über die Neuordnung des Geräte- und
        Produktsicherheitsrechts (ProdSG) vom 8. November 2011. BGBl. I 63
        (2011) Nr. 57, S. 2 178–2 208, Berichtigung BGBl. I 64 (2012) Nr. 6 vom
        8.2.2012, S. 131. – ISSN 0341-1095

[6.44] **DGUV Vorschrift 3 (vormals BGV A3)** BG-Vorschrift. Unfallverhütungs-
        vorschrift. Elektrische Anlagen und Betriebsmittel vom 1. April 1979
        in der Fassung vom 1. Januar 1997, mit Durchführungsanweisungen
        vom Oktober 1996. Aktuelle Nachdruckfassung Januar 2005. Köln:
        Berufsgenossenschaft Energie Textil Elektro Medienerzeugnisse, 2005

[6.45] **TRBS 1001**. Technische Regeln für Betriebssicherheit – Struktur und Anwendung der Technischen Regeln für Betriebssicherheit vom 15. September 2006. BAnz. 58 (2006) Nr. 232a vom 9.12.2006, S. 5–6. – ISSN 0720-6100

[6.46] **TRBS 1111**. Technische Regeln für Betriebssicherheit – Gefährdungs-beurteilung und sicherheitstechnische Bewertung vom 15. September 2006. BAnz. 58 (2006) Nr. 232a vom 9.12.2006, S. 7–10. – ISSN 0720-6100

[6.47] **TRBS 1112 Teil 1**. Technische Regeln für Betriebssicherheit – Explosions-gefährdungen bei und durch Instandhaltungsarbeiten – Beurteilung und Schutzmaßnahmen. GMBl. 61 (2010) Nr. 29 vom 12.5.2010, S. 615–619. – ISSN 0939-4729

[6.48] **TRBS 1201 Teil 1**. Technische Regeln für Betriebssicherheit – Prüfung von Anlagen in explosionsgefährdeten Bereichen und Überprüfung von Arbeits-plätzen in explosionsgefährdeten Bereichen vom 15. September 2006. BAnz. 58 (2006) Nr. 232a vom 9.12.2006, S. 20–26. – ISSN 0720-6100

[6.49] **TRBS 1203**. Technische Regeln für Betriebssicherheit – Befähigte Personen vom 17. März 2010. GMBl. 61 (2010) Nr. 29 vom 12.5.2010, S. 627–642. – ISSN 0939-4729 – zuletzt geändert durch Bekanntmachung des BMAS vom 17.2.2012 – IIIb 3 – 35650. GMBl. 63 (2012) Nr. 21, S. 386–387. – ISSN 0939-4729

[6.50] **TRBS 2152** Technische Regeln für Betriebssicherheit (inhaltsgleich: Technische Regel für Gefahrstoffe TRGS 720) – Gefährliche explosions-fähige Atmosphäre – Allgemeines. BAnz. 58 (2006) Nr. 103a vom 2.6.2006, S. 4–7. – ISSN 0720-6100

[6.51] **TRBS 2152 Teil 3** Technische Regeln für Betriebssicherheit – Gefährliche explosionsfähige Atmosphäre – Vermeidung der Entzündung gefährlicher explosionsfähiger Atmosphäre. GMBl. 60 (2009) Nr. 77 vom 20.11.2009, S. 1 583–1 597. – ISSN 0939-4729

[6.52] **TRBS 2153**. Technische Regeln für Betriebssicherheit – Vermeidung von Zündgefahren infolge elektrostatischer Aufladungen. GMBl. 60 (2009) Nr. 15/16 vom 9.4.2009, S. 278–326. – ISSN 0939-4729

[6.53] *Koch, W.:* Erdungen in Wechselstromanlagen über 1 kV. Berlin (u. a.): Springer, 1961

[6.54] *Fendrich, L.; Fengler, W.:* Handbuch Eisenbahninfrastruktur. Berlin · Heidelberg: Springer Vieweg, 2013. – ISBN 978-3-642-30020-2

[6.55] *Budde, Ch.:* Überarbeitung der EN 50122: Bahnanwendungen – Ortsfeste Anlagen – Elektrische Sicherheit, Erdung und Rückstromführung. BahnPraxis E Zeitschrift für Elektrofachkräfte zur Förderung der Betriebs- und Arbeitssicherheit bei der Deutschen Bahn AG 14 (2011) H. 2, S. 3

[6.56] *Gonzalez, D.*; *Berger, F.*; *Vockeroth, D.*: Durchgang von Blitzströmen bei Weichlotverbindungen. S. 76–81 in VDE-Fachbericht 68. Vorträge der 9. VDE/ABB-Blitzschutztagung vom 27.10.–28.10.2011 in Neu-Ulm. Berlin · Offenbach: VDE VERLAG, 2011. – ISBN 978-3-8007-3380-4, ISSN 0340-4161

[6.57] Dehn + Söhne Blitzplaner. Neumarkt (Oberpfalz): Dehn + Söhne, 2013. – ISBN 978-3-9813770-0-2

[6.58] *Rock, M.*; *Gonzalez, D.*; *Noack, F.*: Blitzschutz bei Metalldächern. Kurzvortrag und Diskussion auf der 24. Sitzung des Technischen Ausschusses ABB am 23.5.2003. Ilmenau: TU Ilmenau, 2003 (nicht veröffentlicht)

[6.59] VFF-Merkblatt FA.01:2009-09 Potentialausgleich und Blitzschutz von Vorhangfassaden. Frankfurt am Main: Verband der Fenster- und Fassadenhersteller

[6.60] VdS 2010:2010-09 Risikoorientierter Blitz- und Überspannungsschutz – Unverbindliche Richtlinien zur Schadenverhütung. Köln: VdS Schadenverhütung

[6.61] Beton.org – Wissen – Beton & Bautechnik – Weiße Wannen – Wasserundurchlässige Bauwerke aus Beton. BetonMarketing Deutschland GmbH, Erkrath: www.beton.org/druck/fachinformationen/betonbautechnik/weisse-wanne

[6.62] Bauen auf Glas. TECHNOpor Glasschaum-Granulat. TECHNOpor Handels GmbH, Krems an der Donau/Österreich: www.technopor.com/service/downloads-all/finish/6-prospekte-folder/8-technopor-schaumglasschotter-folder-allgemein

[6.63] Beton.org – Wissen – Beton & Bautechnik – Stahlfaserbeton. BetonMarketing Deutschland GmbH, Erkrath: www.beton.org/wissen/beton-bautechnik/stahlfaserbeton

[6.64] Walzbeton. Wikipedia – Online-Enzyklopädie, abgerufen am 18.10.2014: http://de.wikipedia.org/wiki/Walzbeton

[6.65] Pfahlgründung. Wikipedia – Online-Enzyklopädie, abgerufen am 18.10.2014: http://de.wikipedia.org/wiki/Pfahlgründung

[6.66] Baunetz Wissen – Beton – Pfahlgründung. Baunetz – Onlinelexikon des Architekturmagazins BauNetz: www.baunetzwissen.de/standardartikel/Beton_Pfahlgruendung_151064.html

[6.67] Fundament (Bauwesen). Wikipedia – Online-Enzyklopädie, abgerufen am 18.10.2014: http://de.wikipedia.org/wiki/Fundament_(Bauwesen)

[6.68] **Energieeinsparverordnung**. Verordnung über energiesparenden Wärmeschutz und energiesparende Anlagentechnik bei Gebäuden – Zweite
Verordnung zur Änderung der Energieeinsparverordnung (EnEV 2014)
vom 18. November 2013. BGBl I 65 (2013) Nr. 67 vom 21.11.2013,
S. 3 951–3 990. – ISSN 0341-1095

[6.69] *Freimann, Th.*: Regelungen und Empfehlungen für wasserundurchlässige
(WU-)Bauwerke aus Beton. Beton-Informationen (2005) H. 3/4, S. 55–72.
– ISSN 0170-9283

[6.70] Explosionsschutz nach ATEX, Grundlagen und Begriffe. Firmenschrift.
Weil am Rhein: Endress + Hauser Messtechnik, 2007. –
Best.-Nr. CP021Zde

Stichwortverzeichnis